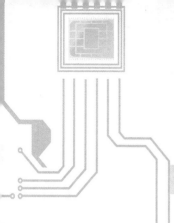

中等职业教育机电类专业规划教材 《《《《《《《《《

AutoCAD 绘图基础

主　编	蘧忠爱	白植真	卢　民
副主编	夏景攀	谢传正	杨家敏
	姚智超	黎相湖	王　甦
	陈　叙	方绪海	韦力凡
	江　波		
参　编	温正喜	杨　南	陈碧莹
	张高线	翟培明	

U0386091

AutoCAD HUITU JICHU

中国人民大学出版社
·北京·

　　AutoCAD 是当今世界上使用人数最多的计算机辅助设计软件之一，由于其具有易上手、操作简单、功能强大等优点，因而深受广大工程技术人员的喜爱，被广泛应用于建筑、机械、冶金、测绘、装潢等与工程设计和制图相关的各个领域。现在 AutoCAD 已成为职业学校机电类及相关专业必修的一门实用性较强的专业技术基础课。

　　本教材的编写是从中职学生的实际出发，遵循 AutoCAD 课程自身的学习规律，总结编者 10 来年 AutoCAD 的教学实践经验而进行的。本教材力图使其更加贴合教学实际，使学生在轻松愉快的环境中尽快掌握 AutoCAD 的各项实用功能及其应用方法和技巧，绘制出专业的机械图样，基本能适应现代机械设计工作的要求。

　　"工欲善其事，必先利其器"本书的最大特色在于：既强调 AutoCAD 各项实用功能的应用及技巧，又重视 AutoCAD 在实际的机械图样中的应用。教材分为三大部分，总共 11 章。

　　第一部分包括第一章至第六章，主要讲述 AutoCAD 软件的学习。从 AutoCAD 的基础讲起，以讲述 AutoCAD 各个常用命令的使用方法为主线，以一个个典型的实例图形绘制为依托，把 AutoCAD 的知识点串接起来。教材编排由易及难、循序渐进，使学生在潜移默化中快速掌握 AutoCAD 的操作方法和绘图技巧。

　　第二部分包括第七章至第九章，讲述 AutoCAD 在机械领域的实际应用，以"项目引领、任务驱动"模式编写，通过典型机械图样的"绘图任务"，引导学生按照实例的操作步骤完成，达到能够灵活运用 AutoCAD 工具绘制机械图样的目的，培养学生的实际应用能力。

　　第三部分包括第十章至第十一章，讲述 AutoCAD 的拓展应用，其中第十章讲述了 AutoCAD 三维绘图基础，为学生以后学习三维造型技术打下良好的基础。第十一章讲述了 AutoCAD 在建筑电气领域的应用，引导学生探索 AutoCAD 在电气领域的应用技巧。

　　教材内容都是从平时的教学材料中精选出来的，每个实例图形都是编者亲手绘制的，务求准确无误。由于编者水平有限，错误和表达不妥之处在所难免，希望广大读者批评指正。

编　者

2019 年 1 月

目录 CONTENTS

第一章
AutoCAD 的基本绘图操作

学习指南

　　AutoCAD 软件的绘图功能十分强大,基础知识点繁多,如果一开始面面俱到,反而不利于学习。本章从 AutoCAD 的工作界面讲起,之后马上进入基本绘图命令的学习,主要包括直线、圆和参照点、矩形和正多边形、圆弧和椭圆等绘图命令。以实例图形为载体,在使用绘图命令过程中,融入 AutoCAD 的基础知识,包括命令的调用方式、数据的坐标输入方法、对象捕捉功能的启动和设置、对象追踪的使用、视图的缩放与平移等。让初学者尽快上手,在实际绘图过程中领悟 AutoCAD 的绘图精髓。

主要内容

- ➢ AutoCAD2010 的工作界面
- ➢ 直线命令的使用
- ➢ 数据的坐标输入和极轴追踪
- ➢ 对象捕捉和对象追踪
- ➢ 圆和参照点命令的使用
- ➢ 矩形和正多边形命令的使用
- ➢ 圆弧和椭圆命令的使用

第一节　AutoCAD 概述

知识要点：

★ AutoCAD 概述

★ AutoCAD2010 工作界面

★ 图形文件管理

一、AutoCAD 概述

CAD 是 Computer Aided Design 的缩写，即计算机辅助设计。AutoCAD 是由美国欧特克公司（Autodesk）于 20 世纪 80 年代初为微机上应用 CAD 技术而开发的绘图程序软件包，经过不断地完善，现已经成为国际上广为流行的绘图工具。它具有强大的图形绘制和编辑功能，可以用于二维绘图、详细绘制、设计文档和基本三维设计，通过它无须懂得编程即可自动制图，因此它在全球广泛使用，可以用于机械、建筑、电子、服装等多个领域。

二、AutoCAD2010 工作界面

启动 AutoCAD2010 应用程序，其工作界面如图 1－1 所示。

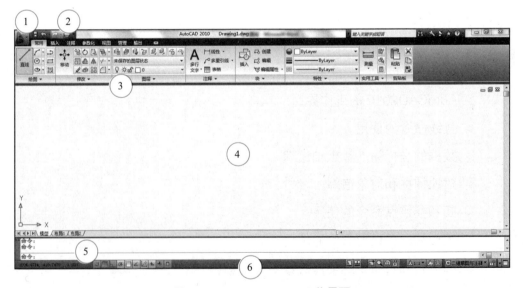

图 1－1　AutoCAD2010 工作界面

AutoCAD2010 工作界面由"应用程序"按钮、快速访问工具栏、功能区、绘图窗口、命令窗口、状态栏等组成。

1. "应用程序"按钮

单击"应用程序"按钮以快速实现以下操作：

> 创建、打开或保存文件

> 核查、修复和清除文件

> 打印或发布文件

> 访问"选项"对话框

> 关闭 AutoCAD

2. 快速访问工具栏

使用快速访问工具栏显示常用工具，如图 1－2 所示。

快速访问工具栏

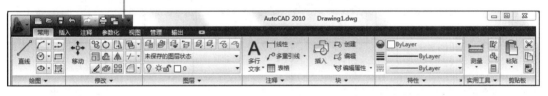

图 1－2　工具栏

3. 功能区

功能区是显示基于任务的命令和控件的选项板，如图 1－3 所示。

4. 绘图窗口

绘图的工作区域。绘图区域可以随意扩展，可通过缩放、平移等命令来控制图形的显示。鼠标滚轮滚动可实现缩放操作，滚轮拖动可实现平移操作，滚轮双击鼠标可实现图形最大化显示。

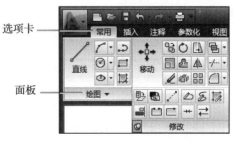

选项卡

面板

图 1－3　选项板

5. 命令窗口

若使用键盘输入命令，请在命令行中输入命令名称，然后按"Enter"键或空格键，如图 1-4 所示。

6. 状态栏

应用程序状态栏可显示光标的坐标值、绘图工具、导航工具以及用于快速查看和注释缩放的工具，如图 1-5 所示。

图 1-4 命令区

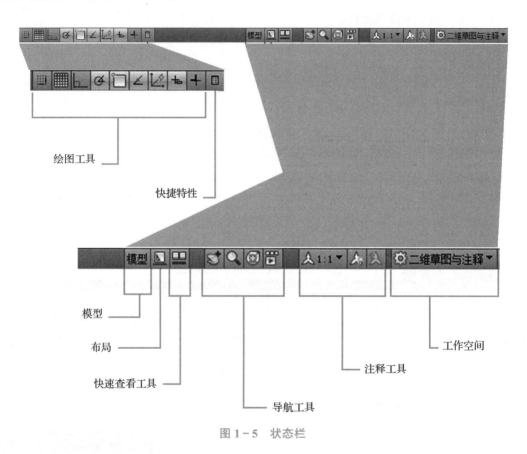

图 1-5 状态栏

三、图形文件管理

1. 创建新图形

> 菜单：应用程序 → 新建

> 命令：New（或 Ctrl+N）

AutoCAD 弹出"选择样板"对话框，如图 1-6 所示。通过此对话框选择对应的样板后（初学者一般选择 acadiso.dwt 即可），单击"打开"按钮，就会以对应的样板为模板建立一个新图形。

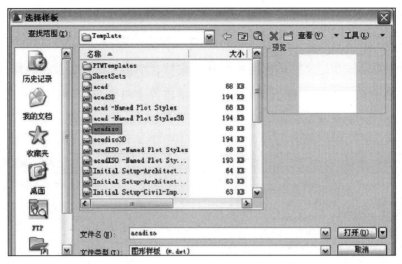

图 1－6　"选择样板"对话框

2. 打开图形

➤ 菜单：应用程序 ➜ 打开

➤ 命令：Open（或 Ctrl+O）

AutoCAD 弹出"选择文件"对话框，选择要打开的文件，单击"打开"，如图 1－7 所示。

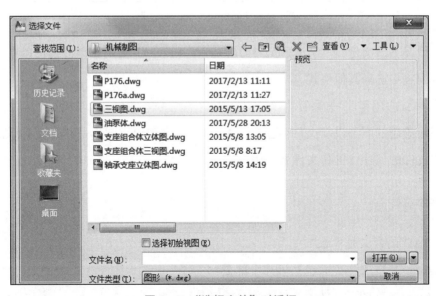

图 1－7　"选择文件"对话框

3. 保存图形

➤ 菜单：应用程序 ➜ 保存

➢ 命令：Save（或 Ctrl+S）

如果当前图形没有命名保存过，AutoCAD 会弹出"图形另存为"对话框，如图 1 - 8 所示，通过该对话框指定文件的保存位置和名称后，单击"保存"按钮，即可实现保存；如果当前图形命名保存过，那么 AutoCAD 直接以原文件名保存图形，不再要求用户指定文件的保存位置和文件名。

图 1 - 8　"图形另存为"对话框

默认情况下，文件以" AutoCAD2010 图形（ *.dwg）"格式保存，也可以在"文件类型"下拉列表中选择其他格式。

➢ 菜单：应用程序 ➜ 另存为

将当前绘制的图形以新文件名保存，AutoCAD 会弹出"图形另存为"对话框，要求用户确定文件的保存位置和文件名，用户响应即可。

课后习题

1. CAD 的含义是什么？
2. AutoCAD 工作界面包括哪几个部分？
3. AutoCAD 图形文件的文件类型（扩展名）是什么？

第二节　绘制直线

知识要点：

★ 直线命令的使用

★ 数据的坐标输入方法

★ 对象捕捉功能的启动和设置

★ 对象追踪的使用

一、绘制直线

1. 启动

➤ 工具按钮：绘图 → 直线

➤ 命令：Line（或简写 L）

命令启动后，出现以下提示：

指定第一点：

指定下一点或［放弃（U）］：

指定下一点或［闭合（C）/ 放弃（U）］：

2. 使用方法

通过输入"点"的方式画线，默认模式为"极轴追踪"模式。

➤ 使用鼠标指定输入点。

放弃（U）：输入 U，将删除上一条直线，多次输入 U，则会删除多条直线段；

闭合（C）：输入 C，则会使连续折线自动闭合。

➤ 打开动态输入时，可以在光标旁边的工具提示中输入坐标值。

第二个点和后续点的默认设置为相对极坐标（对于 Rectang 命令，为相对直角坐标），按 Tab 键可以切换到要更改的值。若要输入相对直角坐标，不按 Tab 键，直接输入 X 坐标和 Y 坐标，用逗号隔开，形式：X，Y。

例 1：按照图 1-9 所示的尺寸要求绘制图形。

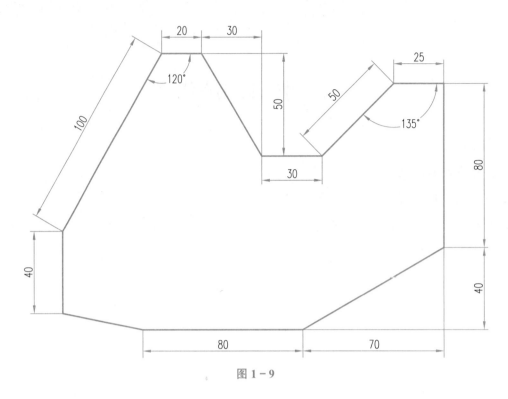

图 1 - 9

绘图步骤：

命令：Line

指定第一点：// 以左下角为起点

指定下一点或 [放弃 (U)]：80　// 极轴追踪 0°

指定下一点或 [放弃 (U)]：@70，40　// 相对直角坐标

指定下一点或 [闭合 (C) / 放弃 (U)]：80　// 极轴追踪 90°

指定下一点或 [闭合 (C) / 放弃 (U)]：25　// 极轴追踪 180°

指定下一点或 [闭合 (C) / 放弃 (U)]：@50<-135　// 相对极坐标

指定下一点或 [闭合 (C) / 放弃 (U)]：30　// 极轴追踪 180°

指定下一点或 [闭合 (C) / 放弃 (U)]：@-30，50　// 相对直角坐标

指定下一点或 [闭合 (C) / 放弃 (U)]：20　// 极轴追踪 180°

指定下一点或 [闭合 (C) / 放弃 (U)]：@100<-120　// 相对极坐标

指定下一点或 [闭合 (C) / 放弃 (U)]：40　// 极轴追踪 270°

指定下一点或 [闭合 (C) / 放弃 (U)]：c　// 自动闭合

单击状态栏的"极轴追踪"按钮可启动或关闭极轴追踪功能，如图 1 - 10 所示。使用极轴追踪，光标将沿指定极轴角度按增量生成追踪线并进行移动。

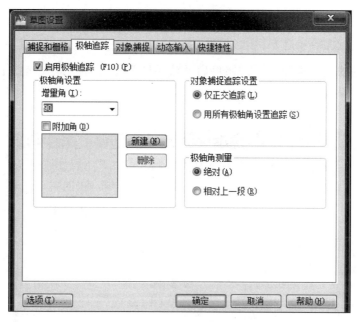

图 1 - 10　"极轴追踪"设置对话框

极轴追踪默认角度测量值为 90°，用户可通过右击"极轴追踪"按钮设置极轴增量角度，指定其他角度进行追踪。

例 2：按照图 1 - 11 所示的尺寸要求绘制五角星图形。

绘图步骤：

（1）右击"极轴追踪"按钮，设置极轴增量角度为 36°。

（2）绘制直线。

命令：Line

指定第一点：// 以左下角为起点

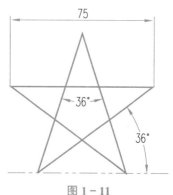

图 1 - 11

指定下一点或［放弃（U）］：75　// 极轴追踪 36°

指定下一点或［放弃（U）］：75　// 极轴追踪 180°

指定下一点或［闭合（C）/ 放弃（U）］：75　// 极轴追踪 324°

指定下一点或［闭合（C）/ 放弃（U）］：75　// 极轴追踪 108°

指定下一点或［闭合（C）/ 放弃（U）］：c　// 自动闭合

二、对象捕捉功能的启动和设置

1. 概念

使用对象捕捉功能可出现有对象的特征点，如端点、中点、垂足、延长线等；必须配合绘图命令一起使用。

2. 自动捕捉的启动和设置

单击状态栏的"对象捕捉"按钮可启动或关闭对象捕捉功能，如图 1-12 所示；单击鼠标右键可设置捕捉对象的特征点。

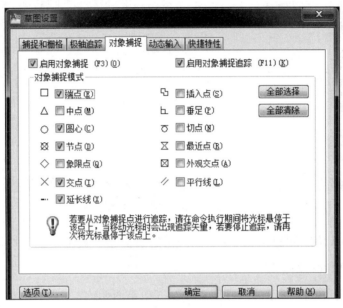

图 1-12 "对象捕捉"设置对话框

3. 临时替代捕捉

按住"Shift"键并单击鼠标右键以显示"对象捕捉"快捷菜单，如图 1-13 所示。

例 3：按照图 1-14 所示的尺寸要求绘制图形。

绘图步骤：

（1）右击"对象捕捉"按钮，设置对象自动捕捉特征点，如中点、垂足等。

（2）绘制等腰三角形。

命令：Line

指定第一点： // 指定起点

指定下一点或 [放弃（U）]：@60< 50

指定下一点或 [放弃（U）]：@60<-50

图 1-13 "对象捕捉"快捷菜单

指定下一点或 [闭合（C）/放弃（U）]：c // 闭合并退出命令

命令： // 直接按"Enter"键或空格键，重复"直线"命令

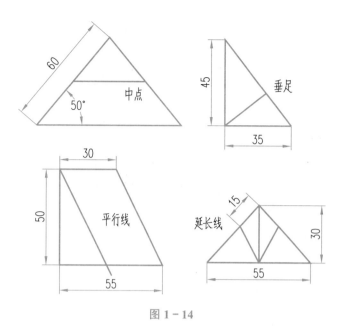

图 1－14

指定第一点：// 捕捉直线中点（如图 1－15 所示）

指定下一点或［放弃（U）］：　// 捕捉直线中点

指定下一点或［放弃（U）］：↵　// 回车结束命令

（3）绘制直角三角形。

图 1－15　等腰三角

命令：Line

指定第一点：// 指定直角三角形顶点

指定下一点或［放弃（U）］：45　// 极轴追踪 270°

指定下一点或［放弃（U）］：35　// 极轴追踪 0°

指定下一点或［闭合（C）/ 放弃（U）］：c

命令：// 按"Enter"键或空格键，重复直线命令

指定第一点：// 捕捉直角端点

指定下一点或［放弃（U）］：// 捕捉斜边上的垂足，（如

图 1－16 所示）

指定下一点或［放弃（U）］：// 回车结束命令

（4）绘制直角梯形。

命令：Line

指定第一点：// 指定梯形右上角

指定下一点或［放弃（U）］：30　// 极轴追踪 180°

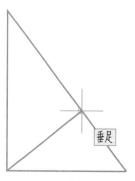

图 1－16　直角三角形

指定下一点或［放弃（U）］：50　//极轴追踪270°

指定下一点或［闭合（C）/放弃（U）］：55　//极轴追踪0°

指定下一点或［闭合（C）/放弃（U）］：c　//闭合并退出命令

命令：//按"Enter"键或空格键，重复直线命令

指定第一点：//捕捉梯形左上端点

指定下一点或［放弃（U）］：_par　//按住"Shift"键并单击鼠标右键，在出现的快捷菜单中选择"平行线"捕捉，将光标在平行线上停留片刻，出现"平行线"捕捉标志后再离开，等出现平行追踪线后确定（如图1-17所示）

（5）绘制等腰三角形。

命令：Line

指定第一点：//指定屏幕任意一点

指定下一点或［放弃（U）］：55　//沿水平方向

指定下一点或［放弃（U）］：@-55/2，30

指定下一点或［闭合（C）/放弃（U）］：c

命令：//按"Enter"键或空格键，重复直线命令

指定第一点：//捕捉左下角端点

指定下一点或［放弃（U）］：15　//光标在顶点上停留片刻，沿着斜线会出现延伸指示线（如图1-18所示）

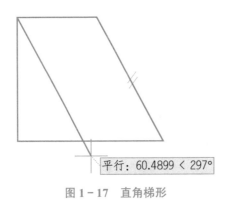

图1-17　直角梯形

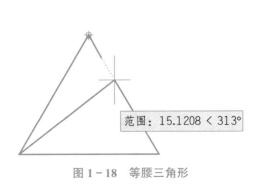

图1-18　等腰三角形

三、对象追踪的使用

根据对象的捕捉点（光标在该点停留片刻），产生一条以该点为基点的追踪线，从而准确定位目标位置。

如图 1-19 所示，启用了"端点"对象捕捉。单击直线的起点（1）开始绘制直线，将光标移动到另一条直线的端点（2）处获取该点，然后沿水平对齐路径移动光标，定位要绘制的直线的端点（3）。

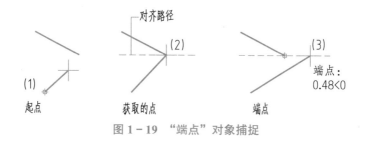

图 1-19 "端点"对象捕捉

例 4：按照图 1-20 所示的尺寸要求绘制三视图（立体图仅供参考，不画）。

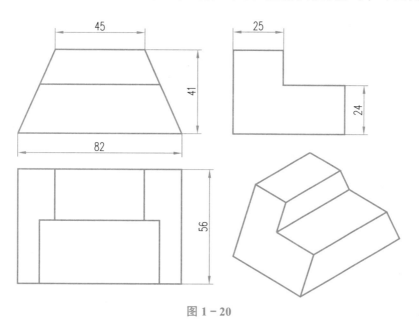

图 1-20

绘图步骤：

（1）绘制主视图（梯形）。

命令：Line

指定第一点：// 指定左下角为起点

指定下一点或 ［放弃（U）］：82   // 极轴追踪 0°

指定下一点或 ［放弃（U）］：@-37/2，41

指定下一点或 ［闭合（C）/ 放弃（U）］：45   // 极轴追踪 180°

指定下一点或 ［闭合（C）/ 放弃（U）］：c

（2）绘制左视图并补充主视图。

命令：Line

指定第一点：//端点的对象追踪线上（如图 1 - 21 所示）

指定下一点或［放弃（U）］：//端点的对象追踪线上（如图 1 - 22 所示）

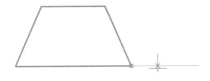

图 1 - 21　对象追踪"第一点"　　　　图 1 - 22　对象追踪"第二点"

指定下一点或［放弃（U）］：25

指定下一点或［闭合（C）/放弃（U）］：17

指定下一点或［闭合（C）/放弃（U）］：31

指定下一点或［闭合（C）/放弃（U）］：24

指定下一点或［闭合（C）/放弃（U）］：c

命令：//按"Enter"键或空格键，重复"直线"命令

指定第一点：//利用"对象追踪"补充主视图

指定下一点或［放弃（U）］：//捕捉交点

指定下一点或［放弃（U）］：↵　　//回车结束命令

（3）绘制俯视图。

命令：Line

指定第一点：//对象追踪

指定下一点或［放弃（U）］：//对象追踪

指定下一点或［放弃（U）］：56　//极轴追踪270°

指定下一点或［闭合（C）/放弃（U）］：//对象追踪

指定下一点或［闭合（C）/放弃（U）］：c

命令：//按"Enter"键或空格键，重复"直线"

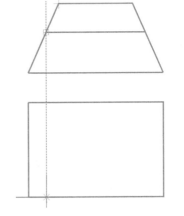

命令

指定第一点：//利用"对象追踪"找交点（如图 1 - 23 所示）

指定下一点或［放弃（U）］：31　//极轴追踪90°

指定下一点或［放弃（U）］：//利用"对象追踪"功能

图 1 - 23　利用"对象追踪"找交点

课后习题

按照图 1－24 所示的尺寸要求绘制图形。

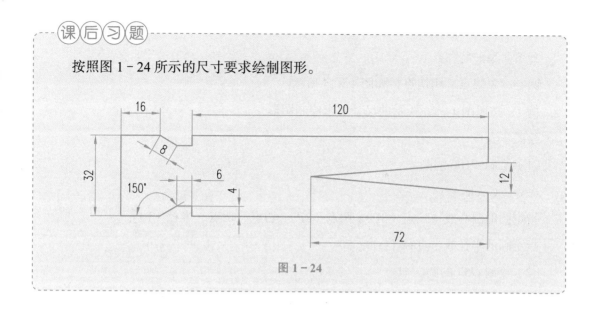

图 1－24

第三节 绘制圆和参照点

知识要点：

★ 绘制多种圆的方法

★ 对象追踪的使用

★ 绘制参照点

★ 等分点

一、绘制圆的基本方法

1. 启动

➤ 工具按钮：绘图 ➜ 圆。

➤ 命令：Circle（或简写 C）

命令启动后，出现以下提示：

指定圆的圆心或［三点（3P）/ 两点（2P）

/ 切点、切点、半径（T）］：

2. 默认画圆方法

指定圆心，再确定半径或直径（D）(如图 1－25

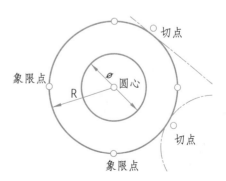

图 1－25 默认画圆方法和圆对象的特征点

所示）。

3. 圆对象的特征点

圆心、象限点、相切点，如图 1－25 所示。

例 1：按照图 1－26 所示的尺寸要求绘制图形。

绘图步骤：

（1）绘制 Ø100 的圆。

命令：Circle

指定圆的圆心或［三点（3P）/两点（2P）/切点、切点、半径（T）］：

指定圆的半径或［直径（D）］：50

（2）绘制 Ø57 的圆。

命令：Circle

指定圆的圆心或［三点（3P）/两点（2P）/切点、切点、半径（T）］：120　//对象追踪 Ø100 的圆心

指定圆的半径或［直径（D）］<50.0000>：d

指定圆的直径 <100.0000>：57

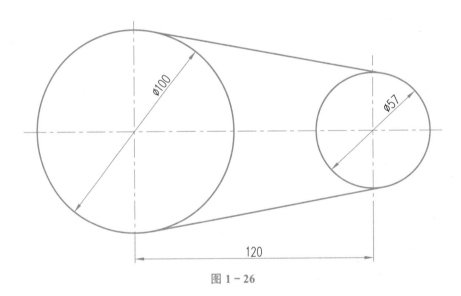

图 1－26

（3）绘制公切线。

命令：Line

指定第一点：_tan　//捕捉 Ø100 的圆上切点

指定下一点或［放弃（U）］：_tan　// 捕捉 ∅57 圆上切点

指定下一点或［放弃（U）］：// 回车结束命令

二、绘制圆的更多方法

➤ 三点法（3P）：输入三点，确定一个圆。

➤ 二点法（2P）：输入直径上的二点，确定一个圆。

➤ 切点 – 切点 – 半径（T）：输入分别与其他两个图线
相切的相切点，再输入半径。

➤ 圆的下拉列表 → 相切 – 相切 – 相切：输入分别与
其他 3 个图线相切的相切点。

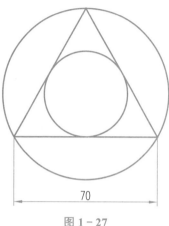

图 1 – 27

例 2：绘制如图 1 – 27 所示的图形。

绘图步骤：

（1）绘制正三角形。

命令：Line

指定第一点：// 设置极轴增量角度为 30°

指定下一点或［放弃（U）］：70　// 极轴追踪 0°

指定下一点或［放弃（U）］：70　// 极轴追踪 120°

指定下一点或［闭合（C）/ 放弃（U）］：c

（2）绘制外接圆。

命令：Circle

指定圆的圆心或［三点（3P）/ 两点（2P）/ 切点、切点、半径（T）］：3p

指定圆上的第一个点：// 捕捉三角形端点

指定圆上的第二个点：// 捕捉三角形另一端点

指定圆上的第三个点：// 捕捉三角形再一端点

（3）绘制内切圆。

圆的下拉列表 → 相切、相切、相切

指定圆上的第一个点：_tan　// 捕捉三角形一相切边

指定圆上的第二个点：_tan　// 捕捉三角形另一相切边

指定圆上的第三个点：_tan　// 捕捉三角形再一相切边

例 3：绘制如图 1 – 28 所示的图形。

绘图步骤：

（1）绘制直线，长度为 80。

（2）绘制圆。

命令：Circle

指定圆的圆心或［三点（3P）/ 两点（2P）/ 切点、切点、半径（T）］：2p

指定圆直径的第一个端点：// 捕捉线段端点

指定圆直径的第二个端点：// 捕捉线段中点

……

例 4：在第 3 题的基础上，绘制如图 1 – 29 所示的图形。

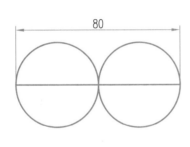

图 1 – 28

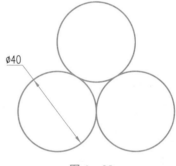

图 1 – 29

命令：Circle

指定圆的圆心或［三点（3P）/ 两点（2P）/ 切点、切点、半径（T）］：t

指定对象与圆的第一个切点：// 指定其中一个圆

指定对象与圆的第二个切点：// 指定另一个圆

指定圆的半径 <20.0000>：20

例 5：按照图 1 – 30 所示的尺寸要求绘制图形。

绘图步骤：

（1）绘制 Ø70 的圆。

（2）绘制相切线。

命令：Line

指定第一点：70 // 从圆心对象追踪

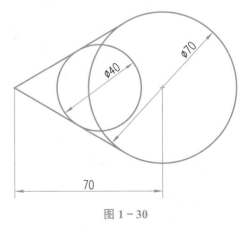

图 1 – 30

指定下一点或［放弃（U）］：_tan　//在圆上捕捉切点

指定下一点或［放弃（U）］：//回车结束命令

（3）绘制 Ø40 的圆。

命令：Circle

指定圆的圆心或［三点（3P）/两点（2P）/切点、切点、半径（T）］：t

指定对象与圆的第一个切点：//指定其中一条直线

指定对象与圆的第二个切点：//指定另一条直线

指定圆的半径 <35.0000>：20

三、绘制参照点

作为节点或参照几何图形的点对象对于对象捕捉和相对偏移非常有用，因此可以通过对象追踪设置定位点，并可捕捉"节点"对象。

1. 启动

➤ 工具按钮：绘图 ➔ 多点。

➤ 命令：Point（或简写 PO）

命令启动后，指定点的位置。

2. 设置点样式

➤ 工具按钮：实用工具 ➔ 点样式，可设置点的样式，即设置其形状和大小，如图 1－31 所示。

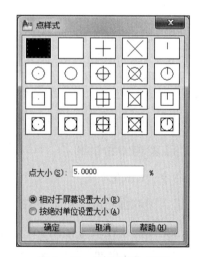

图 1－31　"点样式"设置

四、等分点

等分点是指将点对象沿指定对象的长度或周长方向等间隔排列。

1. 定数等分

➤ 工具按钮：绘图 ➔ 点 ➔ 定数等分。

➤ 命令：Divide（或简写 DIV）

2. 定距等分

➤ 工具按钮：绘图 ➔ 点 ➔ 定距等分。

➢ 命令：Measure（或简写 ME）

例 6：按照图 1 – 32 所示的尺寸要求绘制图形。

绘图步骤：

（1）利用直线命令绘制外轮廓。

（2）绘制参照点。

命令：Point

指定点：15　// 左下角端点对象追踪

指定点：15　// 设置"节点"自动捕捉并对象追踪，如图 1 – 33 所示。

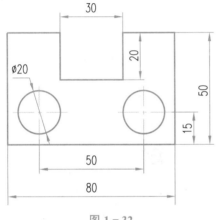

图 1 – 32

图 1 – 33　"节点"对象追踪

（3）绘制 Ø20 的圆。

命令：Circle

指定圆的圆心或 ［三点（3P）/ 两点（2P）/ 切点、切点、半径（T）］：_// 捕捉节点

指定圆的半径或 ［直径（D）］<20.0000>：10

例 7：绘制如图 1 – 34 所示的图形。

绘图步骤：

（1）绘制 Ø70 的圆。

（2）定数等分。

先设置点的样式：实用工具 ➜ 点样式

命令：Divide

选择要定数等分的对象：// 选择圆

输入线段数目或 ［块（B）］：5　//5 等分，结果如图 1 – 35 所示。

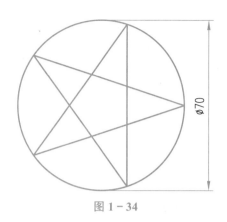

图 1-34   图 1-35 定数五等分

例 8：绘制如图 1-36 所示的图形。

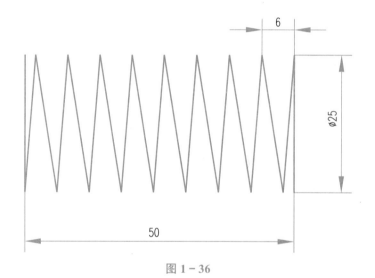

图 1-36

绘图步骤：

（1）利用直线命令绘制矩形 50×25。

（2）分别对上下两边定距等分。

命令：Measure

选择要定距等分的对象：∥选择上边的右侧

指定线段长度或［块（B）］：6　∥每隔 6 设置等分点

命令：Measure

选择要定距等分的对象：∥选择下边的左侧

指定线段长度或［块（B）］：6　∥每隔 6 设置等分点

结果如图 1-37 所示。

（3）利用直线命令依次捕捉各"节点"，并删除上下边。

图 1 - 37 定距等分

（课后习题）

1. 按照图 1 - 38 所示的尺寸要求绘制图形。

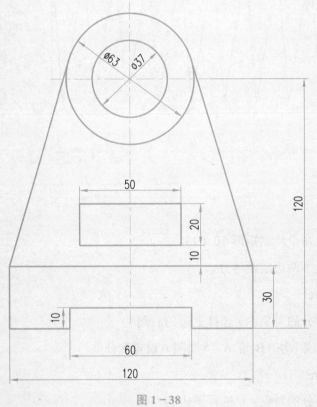

图 1 - 38

2. 按照图 1 - 39 所示的尺寸要求绘制图形。

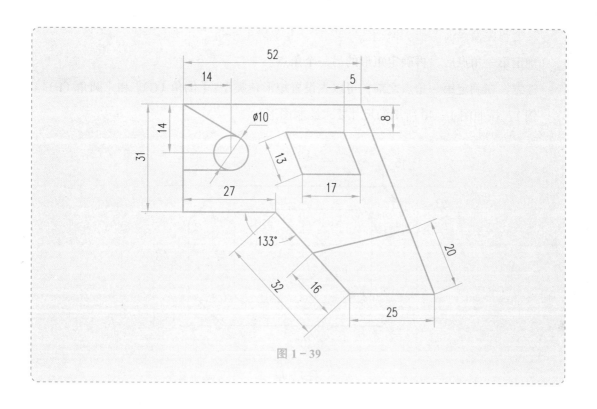

图 1-39

第四节　绘制矩形和正多边形

知识要点：

★ 矩形命令的使用

★ 正多边形命令的使用

★ 分解命令的使用

一、绘制矩形

1.启动

➤ 工具按钮：绘图 ➜ 矩形。

➤ 命令：Rectangle（或简写 REC）

命令启动后，出现以下提示：

指定第一个角点或［倒角（C）/标高（E）/圆角（F）/厚度（T）/宽度（W）］:

指定另一个角点或［面积（A）/尺寸（D）/旋转（R）］:

2.使用方法

确定第一角点后，再确定矩形的另一个角点。

注意：在确定第一角点之前，可以先设置矩形角类型：［倒角（C）］和［圆角（F）］。

例 1：按照图 1-40 所示的尺寸要求绘制图形。

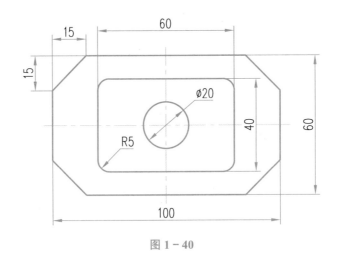

图 1-40

绘图步骤：

（1）绘制具有倒角的矩形 100×60。

命令：Rectang

指定第一个角点或［倒角（C）/标高（E）/圆角（F）/厚度（T）/宽度（W）］：c

指定矩形的第一个倒角距离 <5.0000>：15

指定矩形的第二个倒角距离 <5.0000>：15

指定第一个角点或［倒角（C）/标高（E）/圆角（F）/厚度（T）/宽度（W）］：　//指定任意一点

指定另一个角点或［面积（A）/尺寸（D）/旋转（R）］：@100，60

（2）绘制 Ø20 的圆。

命令：Circle

指定圆的圆心或［三点（3P）/两点（2P）/切点、切点、半径（T）］：//对象追踪到矩形中心

指定圆的半径或［直径（D）］<10.0000>：10

（3）绘制参照点。

命令：Point

指定点：20　//圆心对象追踪

指定点：30　//节点对象追踪，需设置"节点"自动捕捉

（4）绘制具有圆角的矩形。

命令：Rectang

指定第一个角点或［倒角（C）/标高（E）/圆角（F）/厚度（T）/宽度（W）］：f

指定矩形的圆角半径 <15.0000>：5

指定第一个角点或［倒角（C）/标高（E）/圆角（F）/厚度（T）/宽度（W）］：//捕捉节点

指定另一个角点或［面积（A）/尺寸（D）/旋转（R）］：@60，40

二、绘制正多边形

1. 启动

➤ 工具按钮：绘图 ➔ 正多边形。

➤ 命令：Polygon（或简写 POL）

命令启动后，出现以下提示：

输入边的数目：

指定正多边形的中心点或［边（E）］：

输入选项［内接于圆（I）/外切于圆（C）］<I>：

2. 使用方法

（1）［边（E）］：通过指定一条边绘制正多边形。

（2）［内接于圆（I）］：输入中心和参考圆半径绘制内接正多边形。

（3）［外切于圆（C）］：输入中心和参考圆半径绘制外切正多边形。

此步骤如图 1-41 所示。

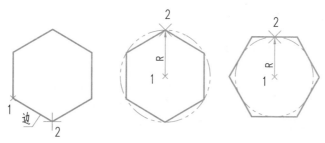

图 1-41　正多边形的绘制方法

例 2：绘制如图 1-42 所示的图形。

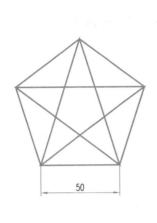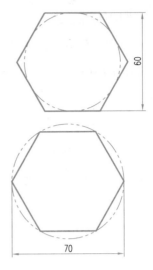

图 1 - 42

绘图步骤：

（1）绘制边长为 50 的正五边形。

命令：Polygon

输入边的数目 <4>：5

指定正多边形的中心点或 ［边（E）］：e

指定边的第一个端点：// 指定起点

指定边的第二个端点：50　// 沿水平方向

（2）绘制对边距为 60 的正六边形。

命令：Polygon

输入边的数目 <5>：6

指定正多边形的中心点或 ［边（E）］：// 确定中心点

输入选项 ［内接于圆（I）/ 外切于圆（C）］<I>：c

指定圆的半径：30

（3）绘制对点距为 70 的正六边形。

命令：Polygon

输入边的数目 <6>：6

指定正多边形的中心点或 ［边（E）］：// 确定中心点

输入选项 ［内接于圆（I）/ 外切于圆（C）］<C>：i

指定圆的半径：35

例 3：绘制如图 1－43 所示的图形。

绘图步骤：

（1）绘制 ∅100 的圆。

（2）绘制圆的外切八边形。

命令：Polygon

输入边的数目 <6>：8

指定正多边形的中心点或［边（E）］：// 指定圆心

输入选项［内接于圆（I）/ 外切于圆（C）］<I>：c

指定圆的半径：50

（3）绘制圆的内接五边形。

命令：Polygon

输入边的数目 <5>：5

指定正多边形的中心点或［边（E）］：// 指定圆心

输入选项［内接于圆（I）/ 外切于圆（C）］<C>：i

指定圆的半径：50

（4）绘制正方形。

命令：Polygon

输入边的数目 <5>：4

指定正多边形的中心点或［边（E）］：e

指定边的第一个端点：// 捕捉五边形底边端点

指定边的第二个端点：// 捕捉五边形底边另一端点

（5）绘制正三角形。

命令：Polygon

输入边的数目 <4>：3

指定正多边形的中心点或［边（E）］：e

指定边的第一个端点：// 捕捉正方形底边端点

指定边的第二个端点：// 捕捉正方形底边另一端点

（6）绘制三角形的内切圆。

工具按钮：绘图 → 圆 → 相切 - 相切 - 相切

指定圆上的第一个点：_tan：// 捕捉三角形一边

∅100

图 1－43

指定圆上的第二个点：_tan：// 捕捉三角形另一边

指定圆上的第三个点：_tan：// 捕捉三角形再一边

（7）绘制圆的内接六边形。

命令：Polygon

输入边的数目 <3>：6

指定正多边形的中心点或［边（E）］：// 指定圆心

输入选项［内接于圆（I）/外切于圆（C）］<I>：i

指定圆的半径：// 指定圆半径

三、分解命令

可以将多段线、标注、图案填充或块参照等复合对象转变为单个的元素。

➢ 工具按钮：修改 → 分解

➢ 命令：Explode（或简写 X）

如前面学过的矩形和正多边形均为复合对象，使用分解命令后转变为单个元素，以便进一步编辑。

课后习题

绘制如图 1-44 所示的图形。

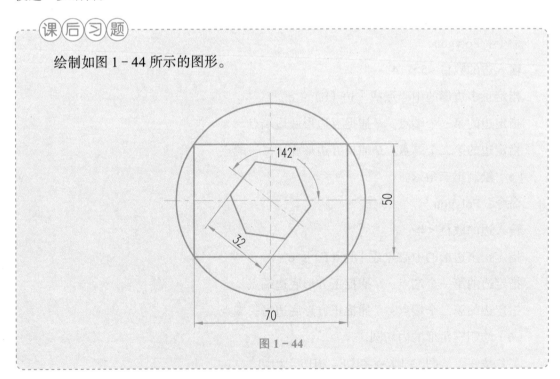

图 1-44

第五节　绘制圆弧和椭圆

知识要点：

> ★ 圆弧的多种绘制方法
>
> ★ 椭圆命令的使用

一、绘制圆弧的基本方法

1. 启动

> 工具按钮：绘图 → 圆弧。

> 命令：Arc（或简写 A）

命令启动后，出现以下提示：

指定圆弧的起点或 ［圆心（C）］：

2. 默认绘制圆弧方法

通过指定三点绘制圆弧，即输入"起点、第二点、端点（终点）"。

例 1：绘制如图 1－45 所示的图形。

绘图步骤：

（1）绘制 ∅70 的圆。

（2）绘制圆弧。

命令：Arc

指定圆弧的起点或 ［圆心（C）］：// 捕捉圆的象限点

指定圆弧的第二个点或 ［圆心（C）/ 端点（E）］：// 捕捉圆心

指定圆弧的端点：// 捕捉圆的象限点

重复圆弧命令，绘制其他圆弧。

图 1－45

二、绘制圆弧的更多方法

1.指定圆心、起点、端点、半径、角度、弦长和方向值的各种组合形式（见表1-1）

表1-1 组合形式

起点、圆心、端点	起点、端点、角度	圆心、起点、端点
起点、圆心、角度	起点、端点、方向	圆心、起点、角度
起点、圆心、长度	起点、端点、半径	圆心、起点、长度

注意：这些方法都是从起点到端点逆时针绘制圆弧的。

例2：按照图1-46所示的尺寸要求绘制图形。

绘图步骤：

（1）绘制直线，如图1-47所示。

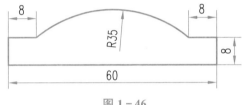

图1-46

图1-47 绘制直线

（2）绘制圆弧，方法为起点、端点、半径。

命令：Arc

指定圆弧的起点或［圆心（C）］：//首先捕捉B点，如图1-47所示

指定圆弧的第二个点或［圆心（C）/端点（E）］：E

指定圆弧的端点：//捕捉A点（如图1-47所示）

指定圆弧的圆心或［角度（A）/方向（D）/半径（R）］：R

指定圆弧的半径：35   //结果如图1-46所示

例3：按照图1-48所示的尺寸要求绘制图形。

绘图步骤：

（1）绘制直线，水平长度为10。

（2）绘制圆弧，方法为起点、圆心、

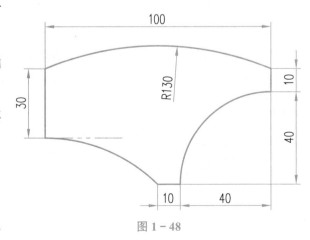

图1-48

角度。

命令：Arc

指定圆弧的起点或［圆心（C）］：// 捕捉线段的右端点

指定圆弧的第二个点或［圆心（C）/ 端点（E）］：c

指定圆弧的圆心：40　// 线段端点对象追踪

指定圆弧的端点或［角度（A）/ 弦长（L）］：a

指定包含角：–90

（3）绘制直线，竖直长度为 10。

（4）绘制圆弧 R130，方法为起点、端点、半径。

命令：Arc

指定圆弧的起点或［圆心（C）］：// 捕捉线段端点

指定圆弧的第二个点或［圆心（C）/ 端点（E）］：e

指定圆弧的端点：100　// 端点对象追踪

指定圆弧的圆心或［角度（A）/ 方向（D）/ 半径（R）］：r

指定圆弧的半径：130

（5）绘制直线，长度为 30。

（6）绘制圆弧，方法为起点、端点、方向。

命令：Arc

指定圆弧的起点或［圆心（C）］：// 捕捉线段 30 的端点

指定圆弧的第二个点或［圆心（C）/ 端点（E）］：e

指定圆弧的端点：// 捕捉水平线段 10 的端点

指定圆弧的圆心或［角度（A）/ 方向（D）/ 半径（R）］：d

指定圆弧的起点切向：// 指定水平方向

2. 圆弧的继续功能

完成绘制直线或圆弧后，再次启动 Arc 命令，在"指定第一点"提示下直接按"Enter"键，新圆弧连接到上一次线段的终点，并与上一次线段相切，只需指定新圆弧的端点。

完成绘制圆弧后，启动"Line"命令，在"指定第一点"提示下直接按"Enter"键，可以立即绘制一条与该圆弧相连并相切的直线，只需指定线长。

例 4：绘制如图 1–49 所示的图形。

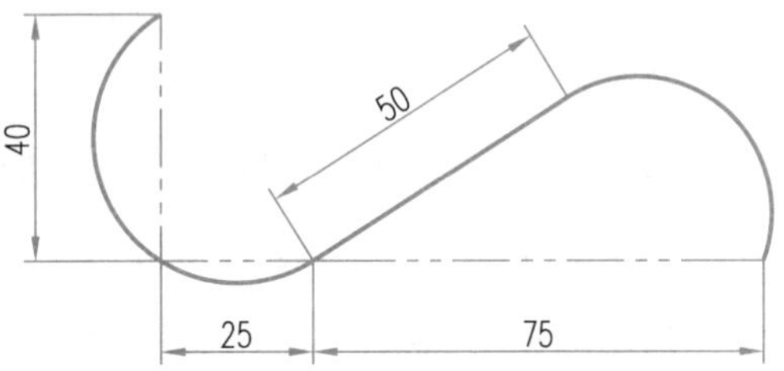

绘图步骤：

（1）绘制辅助线。

命令：Line

指定第一点：// 指定起点

指定下一点或［放弃（U）］：40　// 极轴追踪 270°

指定下一点或［放弃（U）］：25　// 极轴追踪 0°

指定下一点或［闭合（C）/ 放弃（U）］：75　// 极轴追踪 0°

指定下一点或［闭合（C）/ 放弃（U）］：↵

（2）绘制圆弧，方法为默认的三点法。

命令：Arc

指定圆弧的起点或［圆心（C）］：// 捕捉端点

指定圆弧的第二个点或［圆心（C）/ 端点（E）］：// 捕捉端点

指定圆弧的端点：// 捕捉端点

（3）绘制直线，长度为 50。

命令：Line

指定第一点：// 直接按"Enter"键

直线长度：50

指定下一点或［放弃（U）］：↵

（4）绘制圆弧，利用圆弧的继续功能。

命令：Arc

指定圆弧的起点或［圆心（C）］：// 直接按"Enter"键

指定圆弧的端点：// 捕捉线段的端点

图 1 - 49

三、绘制椭圆

1. 启动

➢ 工具按钮：绘图 ➜ 椭圆。

➢ 命令：Ellipse（或简写 EL）

命令启动，出现以下提示：

指定椭圆的轴端点或［圆弧（A）/ 中心点（C）］：

2.使用方法

椭圆由定义其长度和宽度的两条轴决定，如图 1‑50 所示。较长的轴称为长轴，较短的轴称为短轴。

其绘制的方法有两种（见图 1‑51 所示）。

（1）轴端点法——使用其一轴两端点和另一轴半轴长绘制椭圆。

（2）中心半径法——使用中心和两轴半径绘制椭圆。

注意：第三点仅指定距离，不必指明轴端点。

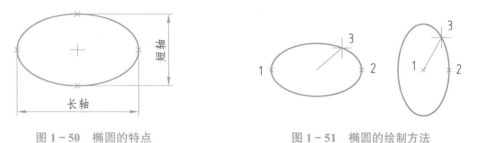

图 1‑50　椭圆的特点　　　　　　　　图 1‑51　椭圆的绘制方法

例 5：按照图 1‑52 所示的尺寸要求绘制图形。

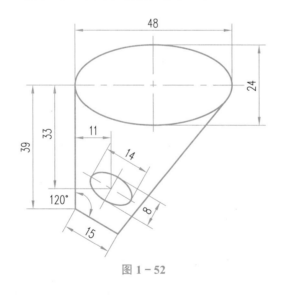

图 1‑52

绘图步骤：

（1）绘制椭圆 48×24。

命令：Ellipse

指定椭圆的轴端点或［圆弧（A）/中心点（C）］：

指定轴的另一个端点：48　//极轴追踪 0°

指定另一条半轴长度或［旋转（R）］：12　//仅输入距离，不必指明方向

（2）绘制直线。

命令：Line

指定第一点：//捕捉椭圆象限点

指定下一点或［放弃（U）］：39　//极轴追踪270°

指定下一点或［放弃（U）］：@15<-30

指定下一点或［闭合（C）/放弃（U）］：_tan　//捕捉椭圆上切点

（3）绘制参照点。

命令：Point

指定点：33　//象限点对象追踪

指定点：11　//节点对象追踪

（4）绘制椭圆14×8。

命令：Ellipse

指定椭圆的轴端点或［圆弧（A）/中心点（C）］：c

指定椭圆的中心点：//捕捉节点

指定轴的端点：_par 到 7　//捕捉斜线的平行线

指定另一条半轴长度或［旋转（R）］：4

课后习题

1. 绘制如图 1-53 所示的图形。

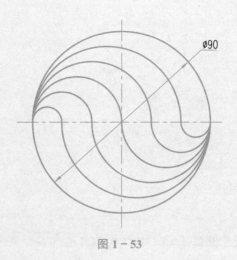

图 1-53

2. 按照图 1 – 54 所示的尺寸要求绘制图形。

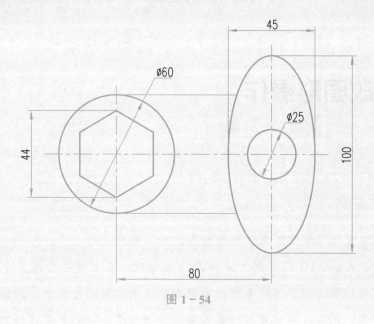

图 1 – 54

3. 按照图 1 – 55 所示的尺寸要求绘制篮球场地平面图。

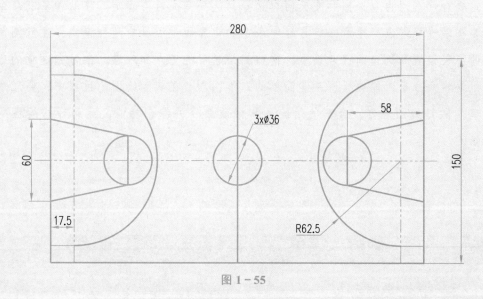

图 1 – 55

第二章
常用修改图形操作

学习指南

　　如果绘制图形都是用基本绘图命令，绘图效率必然低下，和手工绘图没有什么区别。AutoCAD 具有强大的修改图形功能，合理使用修改命令会使绘制图形显得快速而方便。本章主要讲解移动和复制、修剪与延伸、圆角与倒角等命令的使用，学习时一定要按照提示要求进行操作，特别是在选择对象时，一定要合理利用窗口选择和交叉窗口选择，选择完成后再确定。移动和复制命令要合理选择基点，注意修剪与延伸命令的边界线是否具有延伸模式，注意圆角的半径设置和倒角的尺寸设置，这些都是学习的重点和难点。学习完这章的三组编辑命令后，能够绘制一些简单的二维图形。在实际绘图的过程中，要注意事先做好绘图规划，合理使用绘图和修改命令的综合功能，达到轻松绘图的目的。

主要内容

➢ 图形对象的选择

➢ 移动和复制命令的使用

➢ 修剪和延伸命令的使用

➢ 圆角和倒角命令的使用

第一节　移动和复制对象

知识要点：

★ 删除命令的使用

★ 图形对象的选择方法

★ 移动和复制命令的使用

一、删除对象

> 工具按钮：修改 → 删除

> 命令：Erase（或简写 E）

命令启动后，提示选择图形对象，其主要方法有：

1. 直接点取

在"选择对象"提示下，使用拾取框光标，逐个选择对象。

注意：从当前选择集中删除对象，可按住"Shift"键并再次选择对象。

2. 窗口选择

在"选择对象"提示下（如图 2-1 所示），从左向右拖动光标，以仅选择完全位于矩形区域中的对象。

3. 窗交选择

在"选择对象"提示下（如图 2-2 所示），从右向左拖动光标，以选择矩形窗口包围的或相交的对象。

图 2-1　利用窗口选择对象

图 2-2　利用交叉窗口选择对象

例 1：打开 2a.dwg 文件，用不同的选择方法，删除平行线组，如图 2-3 所示。

绘图步骤：

图 2-3

命令：Erase

选择对象：// 窗交选择要删除的对象，如图 2 - 4 所示。

选择对象：// 按"Shift"键，并从窗口选择，将对象从选择集中剔除，如图 2 - 5 所示。

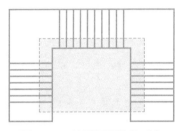

图 2 - 4　利用要删除的对象

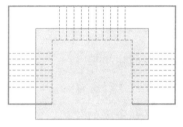

图 2 - 5　将对象从选择集中剔除

二、移动和复制对象

1. 移动命令

➤ 工具按钮：**修改 ➜ 移动**

➤ **命令**：Move（或简写 M）

2. 复制命令

➤ 工具按钮：**修改 ➜ 复制**

➤ **命令**：Copy（或简写 CO）

命令启动后，出现以下提示：

选择对象：

指定基点或［位移（D）］＜位移＞：

3. 使用方法

（1）选好对象后，使用两点指定距离。

（2）选好对象后，输入［位移（D）］，使用坐标指定距离。

例 2：绘制如图 2 - 6 所示的图形。

绘图步骤：

（1）绘制水平线 350 和竖直线 250。

（2）复制两组平行线。

命令：Copy

选择对象：找到 1 个　// 选择水平线

选择对象：// 回车结束选择

当前设置：复制模式＝多个

指定基点或［位移（D）/模式（O）］＜位移＞：//在合适位置指定基点

指定第二个点或＜使用第一个点作为位移＞：50　//同一方向极轴追踪

指定第二个点或［退出（E）/放弃（U）］＜退出＞：100

指定第二个点或［退出（E）/放弃（U）］＜退出＞：150

指定第二个点或［退出（E）/放弃（U）］＜退出＞：200

指定第二个点或［退出（E）/放弃（U）］＜退出＞：250

指定第二个点或［退出（E）/放弃（U）］＜退出＞：↵

重复命令，复制另一组平行线。

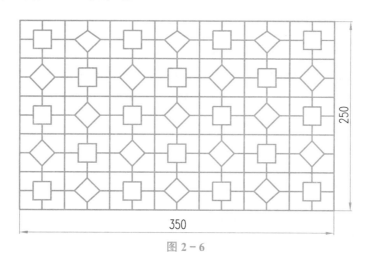

图 2－6

（3）绘制两个正方形（见图 2－7），大小目测。

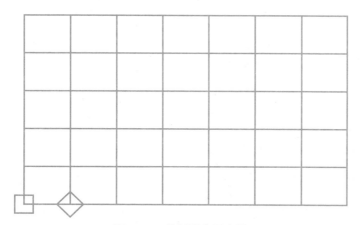

图 2－7　绘制两个正方形

（4）移动两个正方形到格子中心。

命令：Move

选择对象：指定对角点：找到两个   //选择两个正方形

选择对象：//回车结束选择

指定基点或［位移（D）］<位移>：//捕捉左下角端点

指定第二个点或<使用第一个点作为位移>：@25，25

（5）补充绘制各直线段。

（6）复制格子里的图形。

命令：Copy

选择对象：指定对角点：找到 5 个   //选择复制对象

选择对象：//回车结束选择

当前设置：复制模式＝多个

指定基点或［位移（D）/模式（O）］<位移>：//捕捉左下角端点

指定第二个点或<使用第一个点作为位移>：//捕捉相应格子的左下角端点

指定第二个点或［退出（E）/放弃（U）］<退出>：//捕捉相应格子的左下角端点

……

课后习题

按照图 2-8 所示的尺寸要求绘制图形。

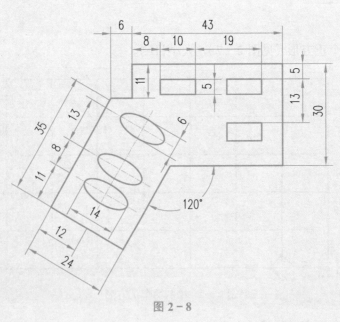

图 2-8

第二节　修剪与延伸对象

知识要点:

★ 修剪命令的使用

★ 延伸命令的使用

一、修剪与延伸命令的启动

1. 修剪命令

➤ 工具按钮: **修改 → 修剪**

➤ 命令: Trim(或简写 TR)

命令启动后, 出现以下提示:

选择剪切边、选择对象或 < 全部选择 >:

选择要修剪的对象, 或 ［边(E)/ 删除(R)/ 放弃(U)］:

2. 延伸命令

➤ 工具按钮: **修改 → 延伸**

➤ 命令: Extend(或简写 Ex)

命令启动后, 出现以下提示:

选择边界的边、选择对象或 < 全部选择 >:

选择要延伸的对象, 或 ［边(E)/ 放弃(U)］:

二、修剪与延伸命令的使用方法

可以通过缩短或拉长使对象与其他对象的边相接, 意味着要先创建其他对象作边界, 然后调整该对象, 使其恰好位于其他对象之间。

操作时先确定边界线(如直接按"Enter"键, 则所有图线均为边界), 再选择要修剪或要延伸的对象。

(1)边(E): 确定修剪边界延伸模式 ［延伸(E)/ 不延伸(N)］。

(2)选择要修剪(或延伸)对象时, 按"Shift"键选择对象, 可以实现修剪与延伸的切换。

例1：打开 2b.dwg 文件，编辑图形如图 2－9 所示。

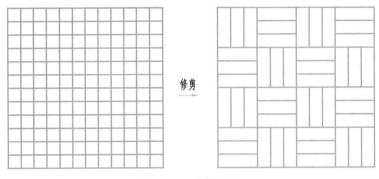

修剪

图 2－9　编辑图形

绘图步骤：

命令：Trim

当前设置：投影 =UCS，边 = 延伸

选择剪切边 ...

选择对象或＜全部选择＞：// 选择剪切边界对象
（如图 2－10 所示）

选择对象：// 回车结束选择

选择要修剪的对象，或按住"Shift"键选择要延伸的对象，或［栏选（F）/窗交（C）/投影（P）/边（E）/删除（R）/放弃（U）］：// 依次选择要修剪的线段

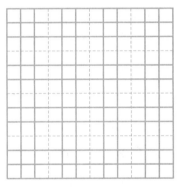

图 2－10　选择剪切边界对象

选择要修剪的对象，或按住"Shift"键选择要延伸的对象，或［栏选（F）/窗交（C）/投影（P）/边（E）/删除（R）/放弃（U）］：// 回车结束命令

例2：打开 2c.dwg 文件，编辑图形结果如图 2－11 所示。

绘图步骤：

（1）利用相切、相切、半径的方法绘制各连接圆。

命令：Circle

指定圆的圆心或［三点（3P）/两点（2P）/切点、切点、半径（T）］：t

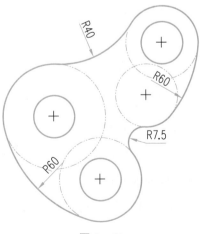

图 2－11

指定对象与圆的第一个切点：// 指定圆上切点位置

指定对象与圆的第二个切点：// 指定另一圆上切点位置

指定圆的半径：60

结果如图 2 - 12 所示。

其他各连接圆也用同样的方法。

（2）修剪各连接圆，变成连接圆弧。

命令：Trim

当前设置：投影 =UCS，边 = 延伸

选择剪切边 ...

选择对象或 < 全部选择 >：// 选择已知圆

选择对象：// 回车结束选择

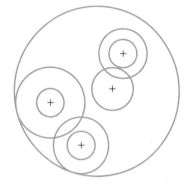

图 2 - 12　绘制各连接圆

选择要修剪的对象，或按住"Shift"键选择要延伸的对象，或［栏选（F）/ 窗交（C）/ 投影（P）/ 边（E）/ 删除（R）/ 放弃（U）］：// 选择连接圆要剪掉的部分

选择要修剪的对象，或按住"Shift"键选择要延伸的对象，或［栏选（F）/ 窗交（C）/ 投影（P）/ 边（E）/ 删除（R）/ 放弃（U）］：

重复修剪命令，修剪各连接圆，结果如图 2 - 13 所示。

（3）修剪各已知圆，变成圆弧。

命令：Trim

当前设置：投影 =UCS，边 = 延伸

选择剪切边 ...

选择对象或 < 全部选择 >：// 选择各连接圆弧

选择对象：// 回车结束选择

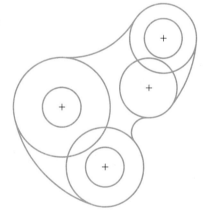

图 2 - 13　修剪各连接圆

选择要修剪的对象，或按住"Shift"键选择要延伸的对象，或［栏选（F）/ 窗交（C）/ 投影（P）/ 边（E）/ 删除（R）/ 放弃（U）］：// 选择已知圆要剪掉的部分

选择要修剪的对象：// 回车结束命令

课后习题

1.绘制如图 2 - 14 所示的图形。

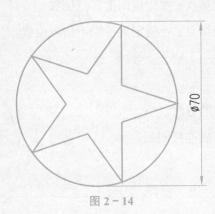

图 2 - 14

2. 按照图 2 - 15 所示的尺寸要求绘制图形。

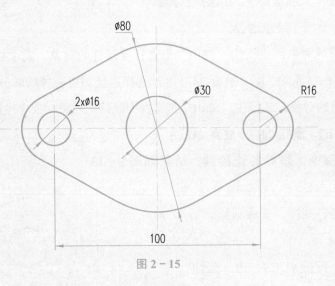

图 2 - 15

3. 按照图 2 - 16 所示的尺寸要求绘制图形。

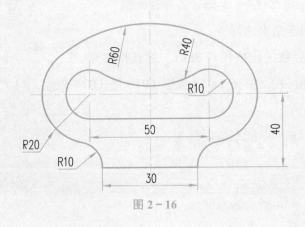

图 2 - 16

第三节 创建圆角和倒角

知识要点：

★ 圆角命令的使用

★ 倒角命令的使用

一、创建圆角

1. 启动

➤ 工具按钮：修改 → 圆角

➤ 命令：Fillet（或简写 F）

命令启动后，出现如下提示：

选择第一个对象，或［放弃（U）/ 多段线（P）/ 半径（R）/ 修剪（T）/ 多个（M）］:

选择第二个对象，或按住"Shift"键选择要应用角点的对象:

2. 使用方法

以指定半径的圆弧连接两个对象，并与连接对象相切。

操作时，先设定圆角半径（R），再选定与圆角相关的两条线。

（1）半径（R）：设置圆角半径。

（2）修剪（T）：设置修剪模式，即圆角操作后，是否修剪原对象。

（3）选择第二个对象时，按住"Shift"键，可以使用值 0（零）替代当前圆角半径，从而创建角点。

例 1：按照图 2 – 17 所示的尺寸要求绘制图形。

绘图步骤：

（1）绘制矩形 80 × 60，并分解图形（explode 命令，简写 X）。

（2）创建圆角 R10。

命令：Fillet

当前设置：模式 = 修剪，半径 = 0.0000

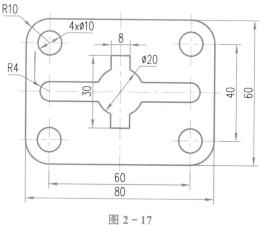

图 2 – 17

选择第一个对象，或［放弃（U）/多段线（P）/半径（R）/修剪（T）/多个（M）］：r

指定圆角半径 <0.0000>：10

选择第一个对象，或［放弃（U）/多段线（P）/半径（R）/修剪（T）/多个（M）］：// 选择矩形直角的一边

选择第二个对象，或按住"Shift"键选择要应用角点的对象：// 选择矩形直角的另一边

重复圆角命令，创建矩形的其他圆角。

（3）绘制一个 Ø20 的大圆和 4 个 Ø10 的小圆。

命令：Circle

指定圆的圆心或［三点（3P）/两点（2P）/切点、切点、半径（T）］：// 通过矩形两边中点对象追踪，指定矩形的中心

指定圆的半径或［直径（D）］：10

命令：Circle

指定圆的圆心或［三点（3P）/两点（2P）/切点、切点、半径（T）］：// 捕捉圆角的圆心

指定圆的半径或［直径（D）］<10.0000>：5

重复命令，绘制其他 3 个小圆。

（4）绘制矩形 8×30，并将该矩形中心移到 Ø20 圆的圆心。

命令：Rectang

指定第一个角点或［倒角（C）/标高（E）/圆角（F）/厚度（T）/宽度（W）］：

指定另一个角点或［面积（A）/尺寸（D）/旋转（R）］：@8，30

命令：Move

选择对象：// 选择该矩形

指定基点或［位移（D）］< 位移 >：// 通过矩形两边中点追踪，指定该矩形的中心

指定第二个点或使用第一个点作为位移 >：// 捕捉 Ø20 圆的圆心

命令：Trim

当前设置：投影 =UCS，边 = 延伸

选择剪切边

选择对象或 < 全部选择 >：// 选择 Ø20 圆和该矩形

选择对象：// 回车结束选择

选择要修剪的对象：// 选择修剪的线段

选择要修剪的对象：// 回车结束命令

（5）最后，绘制 R4 的两小圆，并画两直线，再修剪。

命令：Circle

指定圆的圆心或［三点（3P）/ 两点（2P）/ 切点、切点、半径（T）］：// 圆心对象追踪

重复命令，绘制另一个 R4 的小圆。

命令：Line 指定第一点：// 捕捉其一小圆的象限点

指定下一点或［放弃（U）］：// 捕捉另一小圆的象限点

指定下一点或［放弃（U）］：// 回车确定

重复命令，绘制另一条直线。

命令：Trim

选择剪切边

选择对象或＜全部选择＞：// 选择直线和 $\varnothing20$ 圆的圆弧

选择对象：// 回车结束选择

选择要修剪的对象：// 选择修剪的线段

选择要修剪的对象：// 回车结束命令

二、创建倒角

1. 启动

➤ 工具按钮：修改 ➜ 倒角

➤ 命令：Chamfer（或简写 Cha）

命令启动后，出现如下提示：

选择第一条直线［放弃（U）/ 多段线（P）/ 距离（D）/ 角度（A）/ 修剪（T）/ 方式（E）/
多个（M）］：

选择第二条直线，或按住"Shift"键选择要应用角点的直线：

2. 使用方法

倒角连接两个对象，使它们以一定的斜角相接。操作时，先设定倒角距离（D），再
选定与倒角相关的两条线。

（1）距离（D）：设定倒角距离。

（2）修剪（T）：设置修剪模式，即设置斜角后，是否修剪原对象。

（3）选择第二个对象时，按住" Shift"键，可以使用值 0 替代当前倒角距离，从而创建角点。

例 2：按照图 2 - 18 所示的尺寸要求绘制图形。

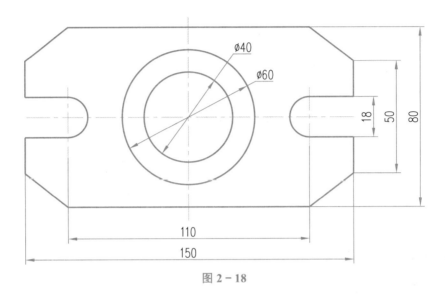

图 2 - 18

绘图步骤：

（1）绘制矩形 150 × 80，并分解图形（explode 命令，简写 X）。

（2）创建倒角 20 × 15。

命令：Chamfer

（"修剪"模式）当前倒角距离 1 = 0.0000，距离 2 = 0.0000

选择第一条直线或［放弃（U）/多段线（P）/距离（D）/角度（A）/修剪（T）/方式（E）/多个（M）］：d //确定倒角距离

指定第一个倒角距离 <0.0000>：20

指定第二个倒角距离 <20.0000>：15

选择第一条直线或［放弃（U）/多段线（P）/距离（D）/角度（A）/修剪（T）/方式（E）/多个（M）］： //选择矩形的水平线段

选择第二条直线，或按住" Shift"键选择要应用角点的直线： //选择矩形的竖直线段

重复命令，创建其他倒角。

（3）绘制 Ø60 和 Ø40 的同心圆。

（4）在左右两侧分别绘制 Ø18 的两小圆、各直线段，并修剪。

1. 按照图 2 – 19 所示的尺寸要求绘制图形。

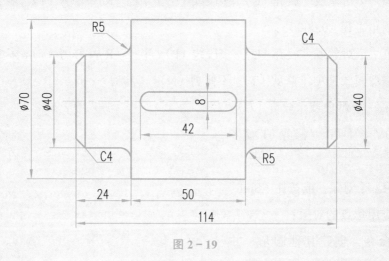

图 2 – 19

练习指导：

（1）绘制矩形 50×70，并绘制左右两侧的直线段，如图 2 – 20 所示。

（2）创建两端倒角 C4。

命令：Chamfer

（"修剪"模式）当前倒角距离 1 = 0.0000，距离 2 = 0.0000

选择第一条直线或［放弃（U）/多段线（P）/距离（D）/角度（A）/修剪（T）/方式（E）/多个（M）］：d

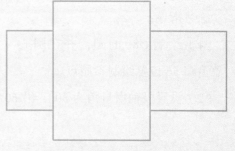

图 2 – 20　绘制矩形

指定第一个倒角距离 <0.0000>：4

指定第二个倒角距离 <4.0000>：4

选择第一条直线或［放弃（U）/多段线（P）/距离（D）/角度（A）/修剪（T）/方式（E）/多个（M）］：

选择第二条直线，或按住"Shift"键选择要应用角点的直线：

重复命令，创建其他倒角。

（3）创建轴肩圆角。

命令：Fillet

AutoCAD 绘图基础

当前设置：模式 = 修剪，半径 = 0.0000

选择第一个对象或［放弃（U）/多段线（P）/半径（R）/修剪（T）/多个（M）］：r

指定圆角半径 <0.0000>：5

选择第一个对象或［放弃（U）/多段线（P）/半径（R）/修剪（T）/多个（M）］：t

输入修剪模式选项［修剪（T）/不修剪（N）］<修剪>：n

选择第一个对象或［放弃（U）/多段线（P）/半径（R）/修剪（T）/多个（M）］：

选择第二个对象，或按住"Shift"键选择要应用角点的对象：

重复命令，创建其他圆角，并进行必要的修剪。

2. 按照图 2-21 所示的尺寸要求绘制图形。

练习指导：

（1）绘制 Ø80 的圆，并在圆心对象追踪 56 位置绘制参照点。

（2）设置极轴增量角为 30°，沿 60° 极轴追踪线绘制斜线，如图 2-22 所示。

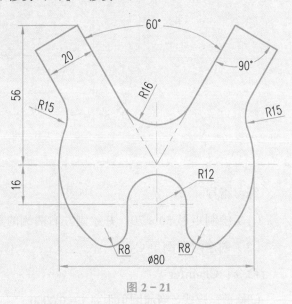

图 2-21

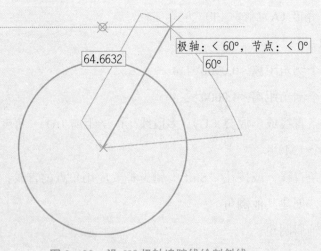

图 2-22　沿 60° 极轴追踪线绘制斜线

50

（3）绘制其他已知线段，如图 2 – 23 所示。

（4）分别绘制 R16、R15 和 R8 的圆弧，并适当修剪，结果如图 2 – 24 所示。

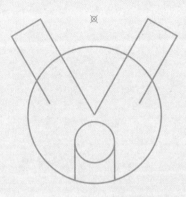

图 2 – 23 绘制其他已知线段

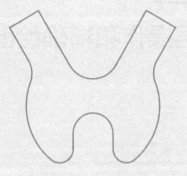

图 2 – 24 绘制结果

第三章
图层操作和精确绘图

学习指南

　　AutoCAD 广泛应用于土木建筑、电子电路、机械设计等诸多领域，不同领域应该有不同的绘图环境，图层设置是 AutoCAD 初始绘图环境设置的重要组成部分。根据图形特性建立不同的图层，并给各个图层设置颜色、线型、线宽、打印样式等特性，按照图线性质分层绘制图形。这样通过控制图层的状态，从而达到管理图形的目的。接着，学习偏移命令、构造线和射线命令的使用，主要是用来绘制定位线和辅助线。结合前面学过的命令进行综合运用，在新建的不同图层上精确绘制图形。最后，学习打断和拉长命令的使用，主要用来对图线的修饰，使整体图形更加美观。

主要内容

➢ 图层的创建与设置

➢ 图层的使用与管理

➢ 偏移命令的使用

➢ 构造线和射线命令的使用

➢ 打断和拉长命令的使用

第一节　图层设置及管理

知识要点：

★ 图层的基本概念

★ 图层的创建与设置

★ 图层的状态管理

★ 实体特性修改

一、图层的基本概念

图层是无色透明的电子图纸，按功能对图形中的对象进行组织和编组，便于管理，如图 3 - 1 所示。

图层相当于图纸绘图中使用的重叠图纸，通过创建图层，可以将类型相似的对象指定给同一图层以使其相关联。

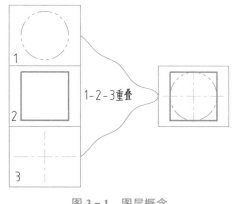

二、图层的创建与设置

➢ 工具按钮：图层 → "图层特性" 管理器

➢ 命令：Layer（或简写 LA）

"图层特性" 管理器启动后，出现 "图层特性"

对话框，如图 3 - 2 所示。

图 3 - 1　图层概念

图 3 - 2　"图层特性" 对话框

1. 创建图层

AutoCAD 初始层为 0 的图层，无法删除或重命名 0 图层。

该图层有两种用途：

（1）确保每个图形至少包括一个图层；

（2）提供与块中的控制颜色相关的特殊图层。

建议用户创建几个新图层来组织图形，而不是在图层 0 上创建整个图形。

按"新建图层"按钮即可创建并重命名新图层。按"置为当前"按钮即可设置该图层为当前层，并在新的图层上绘制图形对象。

2. 图层设置

打开"图层特性"管理器，可设置图层对象特性，如颜色、线型、线宽等。

（1）指定图层颜色。

（2）给图层分配线型。

AutoCAD 默认的线型为实线 Continuous，设置其他线型必须先加载（Load），再指定给图层。单独加载线型：

➢ 工具按钮：特性 → 线型 → 其他

➢ 命令：Linetype（或简写 LT）

启动后，出现"线型管理器"对话框，如图 3-3 所示。

图 3-3 "线型管理器"对话框

单击对话框中"加载"按钮，即可加载其他线型，如 Center、Dashed 等。对于不连续线，还可调整控制线型比例，即控制虚线和空格的大小比例，具体如下：

➢ 设置全局比例因子（LTScale）——控制已画和未画的所有线的线型比例

➢ 设置新实体线型比例（Celtscale）——控制新画的线的线型比例

➢ 实际显示的线型比例 =LTScale × Celtscale

注意：线型比例是针对不连续线的。默认情况下，全局线型和独立线型的比例均设置为 1.0。比例越小，每个绘图单位中生成的重复图案数就越多。根据屏幕显示范围调节线型比例。

（3）线宽设置。

线宽是指定给图形对象以及某些类型的文字的宽度值。

通过为不同的图层指定不同的线宽，可清楚地表现图形的构成。

选择状态栏上的"显示 / 隐藏线宽"按钮则可控制线宽的显示。

例 1：新建图形文件，新建 3 个图层：1 层、2 层和 3 层，并设置如下：

1 层 – 黑 / 白色 – 实线 – 线宽 0.3

2 层 – 黄色 – 虚线 – 线宽 0.15

3 层 – 红色 – 点划线 – 线宽 0.15

参照图线的特性在相应图层上绘制图形，如图 3 – 4 所示。

绘图步骤：

（1）启动"图层特性"管理器，创建并设置图层，如图 3 – 5 所示。

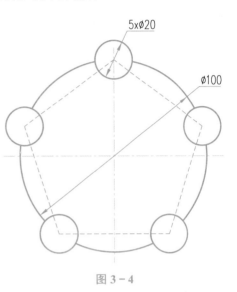

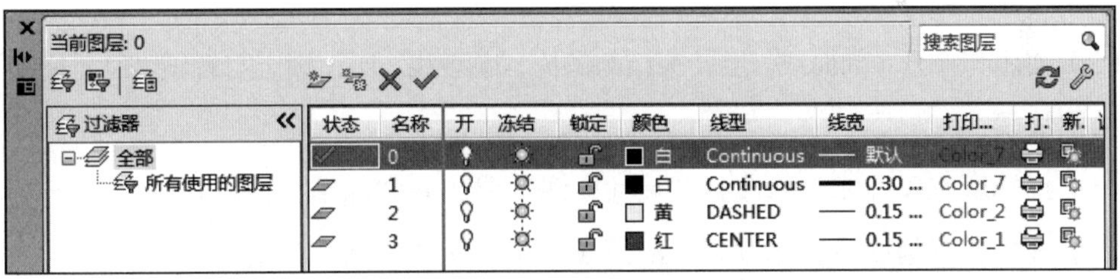

图 3 – 4

图 3 – 5 创建并设置图层

（2）将 1 层置于当前层，绘制 Ø100 的圆。

（3）将 2 层置于当前层，绘制正五边形。

（4）将 3 层置于当前层，绘制中心线。

（5）将 1 层置于当前层，绘制 5 个 Ø20 的小圆，最后修剪操作。

三、图层的状态管理

1. 打开（ON）与关闭（OFF）图层

关闭图层，实体不可见，不能编辑；但当前层可关闭，关闭后仍可绘制图形。

2. 冻结（Freeze）与解冻（Thaw）图层

冻结图层，实体不可见，不能编辑；但当前层不能冻结，冻结的图形不参与运算。

3. 锁定（Lock）与解锁（Unlock）图层

锁定图层的图形不可被编辑。

例 2：打开"3a.dwg"文件，按下列要求操作。

（1）将图形中的轮廓线、剖面线、对称中心线及尺寸标注分别修改到相应的图层上，结果如图 3-6 所示。

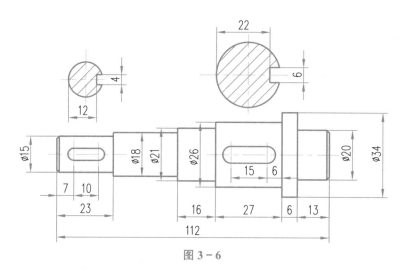

图 3-6

（2）关闭与打开"剖面线"层，冻结与解冻"中心线"层，锁定与解锁"尺寸标注"层。

绘图步骤：

（1）选择所有尺寸线，修改到"尺寸标注"层，并"冻结"该层。

（2）选择所有剖面线，修改到"剖面线"层，并"冻结"该层。

（3）选择所有中心线，修改到"中心线"层，并"冻结"该层。

（4）选择所有轮廓线，修改到"粗实线"层。

（5）"解冻"所有图层。

（6）关闭与打开"剖面线"层，冻结与解冻"中心线"层，锁定与解锁"尺寸标注"层，试操作。

四、实体特性修改

可以在图形中显示和更改任何对象的当前特性，先选中图形对象，然后通过以下方式在图形中显示和更改任何对象的当前特性：

➤ 在状态栏上，单击"快捷特性"，即打开或关闭"快捷特性"选项板，可以查看或更改对象的选定特性。

➤ 选择"特性"面板中"颜色""线型"、"线宽"的列表，即可查看或更改对象的特性。

注意：一般来说，对象特性默认为"Bylayer"，如果不是的话，最好将选定对象的指定特性更改为"Bylayer"，这样便于进行图层管理。

课后习题

按照表 3-1 所示的图线特性，创建并设置合适的图层，绘制如图 3-7 所示的"三通管"三视图（立体图仅供参考，不画）。

表 3-1 图线特性

层名	线型	颜色	线宽
粗实线	实线（Continuous）	黑/白	粗
虚线	虚线（Dashed）	黄色	细
中心线	点画线（Center）	红色	细

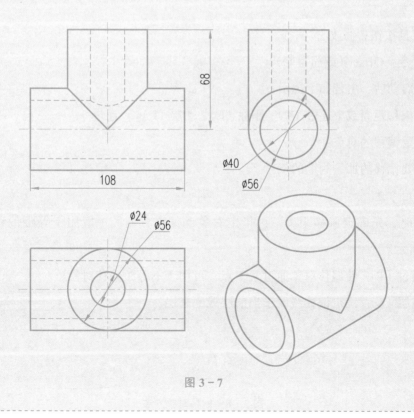

图 3-7

第二节 偏移对象和构造线

知识要点：

★ 偏移命令的使用

★ 构造线命令的使用

★ 射线命令的使用

★ 打断命令的使用

★ 拉长命令的使用

一、偏移对象

用于创建形状与选定对象的形状平行的新对象，偏移对象不仅是直线，而且可以是圆及圆弧、椭圆、二维多段线、样条曲线等。

1. 启动

➢ 工具按钮：修改 → 偏移

➢ 命令：Offset（或简写 O）

命令启动后，出现如下提示：

指定偏移距离或［通过（T）/删除（E）/图层（L）］＜通过＞：

选择要偏移的对象：

指定要偏移的那一侧上的点：

2. 使用方法

操作时，先确定偏移距离，再指定对象和偏移方向。一般用于等距偏移对象，如图 3 - 8 所示。

➢ 通过（T）：使偏移对象通过某一点，可用于不等距偏移对象。

➢ 图层（L）：确定偏移线属于当前层或原来层。

图 3 - 8 偏移对象方法

例 1：绘制如图 3 - 9 所示的图形。

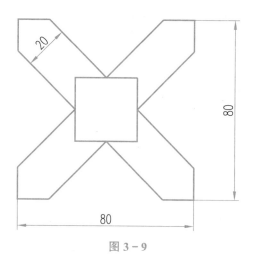

图 3 - 9

绘图步骤：

（1）绘制矩形 80 × 80 及其对角线。

（2）偏移对角线。

命令：Offset

当前设置：删除源 = 否图层 = 源 OFFSETGAPTYPE=0

指定偏移距离或［通过（T）/删除（E）/图层（L）］<通过>：10

选择要偏移的对象，或［退出（E）/放弃（U）］<退出>：//选择一条对角线

选择要偏移的对象，或［退出（E）/放弃（U）］<退出>：//回车退出

指定要偏移的那一侧上的点：//选择一侧偏移方向

重复选择偏移对象和偏移方向，完成对角线偏移操作，如图 3 - 10 所示。

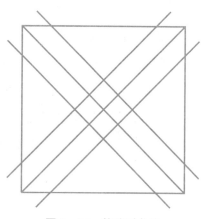

图 3 - 10　偏移对角线

（3）最后修剪有关线段。

例2：按照图3－11所示的尺寸要求绘制"马桶"平面图。

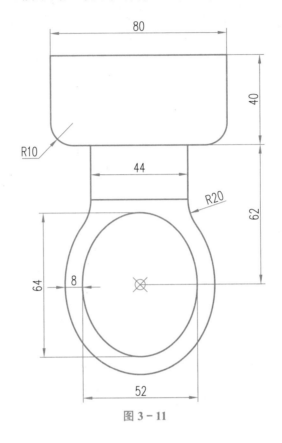

图 3－11

绘图步骤：

（1）绘制矩形 80×40、辅助直线 62、椭圆 64×52，如图 3－12 所示。

（2）偏移辅助直线和椭圆。

命令：Offset

当前设置：删除源＝否 图层＝源 OFFSETGAPTYPE=0

指定偏移距离或 ［通过（T）/ 删除（E）/ 图层（L）］＜10.0000＞：22

选择要偏移的对象，或 ［退出（E）/ 放弃（U）］＜退出＞：// 选择辅助直线

指定要偏移的那一侧上的点：// 选择其一侧偏移方向

选择要偏移的对象，或 ［退出（E）/ 放弃（U）］＜退出＞：// 再次选择该辅助直线

指定要偏移的那一侧上的点：// 选择另一侧偏移方向

命令：Offset

当前设置：删除源＝否 图层＝源 OFFSETGAPTYPE=0

指定偏移距离或［通过（T）/ 删除（E）/ 图层（L）］<22.0000>：8

选择要偏移的对象，或［退出（E）/ 放弃（U）］< 退出 >：// 选择椭圆

指定要偏移的那一侧上的点：// 选择向外偏移方向

选择要偏移的对象，或［退出（E）/ 放弃（U）］< 退出 >：

结果如图 3 - 13 所示。

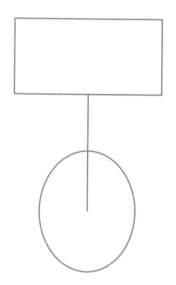
图 3 - 12　绘制矩形、直线、椭圆

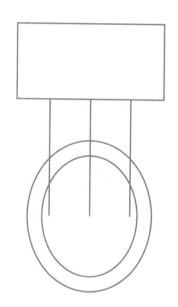
图 3 - 13　偏移辅助直线和椭圆

（3）最后，创建 R10 和 R20 的圆，修剪有关线段。

二、构造线和射线

可绘制一组共点相交线或一组平行线，当作定位线使用；也可用作创建其他对象的辅助线。

1. 构造线

➤ 工具按钮：绘图 ➔ 构造线

➤ 命令：Xline（或简写 XL）

命令启动后，出现如下提示：

指定点或［水平（H）/ 垂直（V）/ 角度（A）/ 二等分（B）/ 偏移（O）］：

使用时，指定点或输入选项，具体说明如下：

➤ 默认方法是两点法，指定两点定义方向。

➤ 水平（H）/垂直（V）：创建一条经过指定点并且与 X 轴或与 Y 轴平行的构造线。

➤ 角度（A）：创建一条经过指定点并与 X 轴正方向成角度的构造线；或创建一条经过指定点并参照某一条参考线成角度的构造线。

➤ 二等分（B）：创建指定角平分线的构造线。

➤ 偏移（O）：创建平行于指定基线的构造线。

2. 射线

➤ 工具按钮：绘图 ➜ 射线

➤ 命令：Ray

使用时，指定起点和通过点定义了射线延伸的方向。

例 3：绘制如图 3-14 所示的图形。

绘图步骤：

（1）绘制 ⌀70 的圆。

（2）绘制构造线。

命令：Xline

指定点或［水平（H）/垂直（V）/角度（A）/二等分（B）/偏移（O）］：// 捕捉圆心

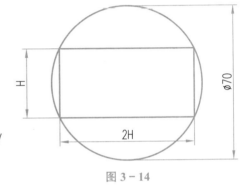

图 3-14

指定通过点：@2，1   // 如图 3-15 所示。

（3）最后，绘制矩形。

例 4：绘制如图 3-16 所示的图形。

图 3-15　绘制构造线

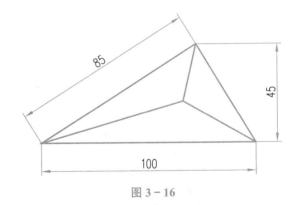

图 3-16

绘图步骤：

（1）绘制直线 100，并向上偏移 45，绘制 R85 的辅助圆；在此基础上绘制三角形，如图 3-17 所示。

（2）删除辅助线，绘制构造线作为角平分线。

命令：Xline

指定点或［水平（H）/垂直（V）/角度（A）/二等分（B）/偏移（O）］：b

指定角的顶点：// 捕捉角的顶点

指定角的起点：// 捕捉角的一边端点

指定角的端点：// 捕捉角的另一边端点

重复构造线命令，绘制另外两角的角平分线。如图 3-18 所示。

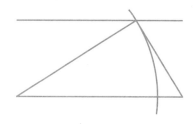

图 3-17 绘制三角形

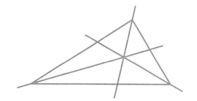

图 3-18 绘制构造线作为角平分线

（3）最后，修剪有关线段。

例 5：按照图 3-19 所示的尺寸要求绘制图形。

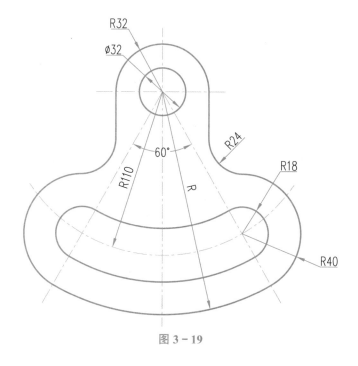

图 3-19

绘图步骤：

（1）启动"图层特性"管理器，创建并设置图层，如图 3-20 所示。

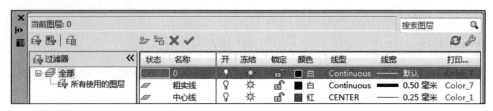

图 3－20 "图层特性"对话框

（2）以"中心线"层为当前层，绘制图形的定位线，如图 3-21 所示。

命令：Xline

指定点或［水平（H）/垂直（V）/角度（A）/二等分（B）/偏移（O）］：

指定通过点：// 指定任意一点作为 A 点

指定通过点：// 极轴追踪与 A 点的水平方向指定一点

指定通过点：// 极轴追踪与 A 点的竖直方向指定一点

命令：Ray

指定起点：// 捕捉 A 点

指定通过点：<300

角度替代：300

指定通过点：// 在 300° 处绘制射线

指定通过点：<240

角度替代：240

指定通过点：// 在 240° 处绘制射线

命令：Circle

指定圆的圆心或［三点（3P）/两点（2P）/切切半（T）］：// 捕捉 A 点

指定圆的半径或［直径（D）］：110

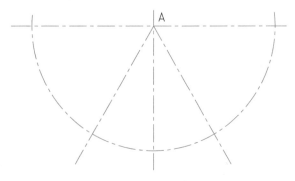

图 3－21 绘制图形的定位线

（3）切换到"粗实线"层，绘制已知线段，结果如图 3 - 22 所示。

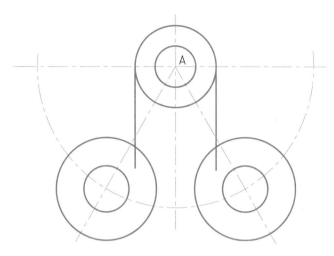

图 3 - 22　绘制已知线段

（4）最后，绘制连接线段，并进行必要的修剪。

例 6：按照图 3 - 23 所示的尺寸要求绘制图形。

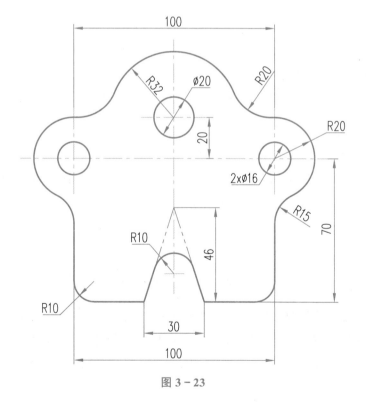

图 3 - 23

绘图步骤：

（1）启动"图层特性"管理器，创建并设置图层，如图 3-24 所示。

图 3-24　"图层特性"对话框

（2）以"中心线"层为当前层，绘制图形的定位线。

命令：Xline

指定点或［水平（H）/垂直（V）/角度（A）/二等分（B）/偏移（O）］：

//指定任意一点作为起始点

指定通过点：//极轴追踪与 B 点的水平方向指定一点

指定通过点：//极轴追踪与 B 点的竖直方向指定一点

命令：Offset　//偏移命令

当前设置：删除源 = 否图层 = 源　OFFSETGAPTYPE=0

指定偏移距离或［通过（T）/删除（E）/图层（L）］<通过>：50

选择要偏移的对象，或［退出（E）/放弃（U）］<退出>：//选择竖直的构造线

指定要偏移的那一侧上的点，或［退出（E）/多个（M）/放弃（U）］<退出>：//选择一侧偏移

选择要偏移的对象，或［退出（E）/放弃（U）］<退出>：//再次选择竖直的构造线

指定要偏移的那一侧上的点，或［退出（E）/多个（M）/放弃（U）］<退出>：//选择另一侧偏移

选择要偏移的对象，或［退出（E）/放弃（U）］<退出>：

命令：//重复偏移命令

当前设置：删除源 = 否图层 = 源 OFFSETGAPTYPE=0

指定偏移距离或［通过（T）/删除（E）/图层（L）］<50.0000>：t

选择要偏移的对象，或［退出（E）/放弃（U）］<退出>：//选择水平的构造线

指定通过点或［退出（E）/多个（M）/放弃（U）］<退出>：20　//B 点向上对象追踪

选择要偏移的对象，或［退出（E）/放弃（U）］<退出>：//再次选择水平的构造线

指定通过点或［退出（E）/多个（M）/放弃（U）］<退出>：70　//B点向下对象追踪

选择要偏移的对象，或［退出（E）/放弃（U）］<退出>：

结果如图3-25所示。

（3）切换到"粗实线"层，绘制已知线段，结果如图3-26所示。

图3-25　绘制图形的定位线

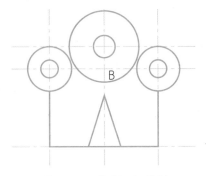

图3-26　绘制已知线段

（4）最后，绘制连接线段，并进行必要的修剪。

三、打断和拉长命令的使用

1. 打断命令

➤ 工具按钮：修改 ➜ 打断

➤ 命令：Break（或简写BR）

操作时，指定打断对象上的两点，即在两点之间产生间隔，从而断开该对象。

2. 拉长命令

➤ 工具按钮：修改 ➜ 拉长

➤ 命令：Lengthen（或简写LEN）

命令启动后出现提示：

选择对象或［增量（DE）/百分数（P）/全部（T）/动态（DY）］：

操作说明：

➤ 增量（DE）：增量方式修改长度

➤ 动态（DY）：动态延长或缩短

注意：打断命令和拉长命令主要用于对图线的修饰，特别是中心线，尝试利用打断命令和拉长命令的操作。

课后习题

1. 按照图 3-27 所示的尺寸要求绘制图形。

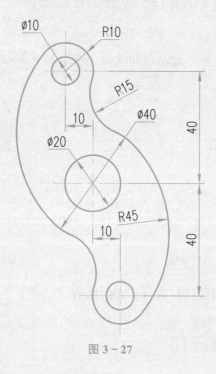

图 3-27

2. 按照图 3-28 所示的尺寸要求绘制图形。

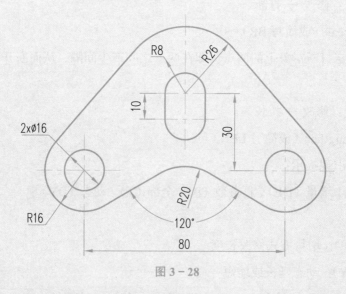

图 3-28

3. 按照图 3-29 所示的尺寸要求绘制图形。

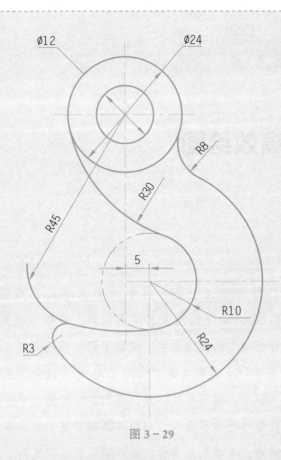

图 3 – 29

4. 按照图 3 – 30 所示的尺寸要求绘制图形。

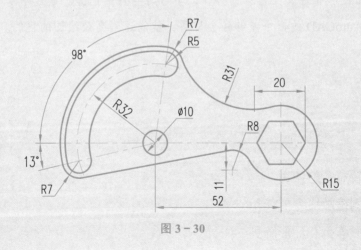

图 3 – 30

第四章
修改图形与高效绘图

学习指南

"十八般武艺，样样精通"是古典小说中描述武艺高强的人的。学习 AutoCAD 也是一样，每个命令的用法其实很简单，但综合起来运用就比较难。这就需我们精通每个命令的使用方法，遇到实际绘图问题时，选用合适的命令组合起来，就象武术中什么时候该耍"枪"、什么时候该弄"棍"一样，切中要害，问题也就迎刃而解了。特别是这一章，我们要学习的旋转和比例缩放、矩形阵列和环形阵列、镜像和拉伸等命令，都具有复制功能，运用得好，能够加快绘图速度。本章学习的重点与难点主要有：参照旋转和参照比例、阵列对话框、镜像对称中心线和拉伸交叉窗口选择等，学习时要特别把握。通过本章的学习，只要我们对 AutoCAD 的命令能够融会贯通，就能达到高效绘图的目的。

主要内容

➢ 旋转命令的使用

➢ 比例缩放命令的使用

➢ 矩形阵列和环形阵列

➢ 镜像命令的使用

➢ 拉伸命令的使用

第一节　旋转和缩放对象

知识要点：

★ 旋转命令的使用

★ 比例缩放命令的使用

一、旋转对象

可以绕指定基点旋转图形中的对象。

1. 启动

➤ 工具按钮：修改 → 旋转

➤ 命令：Rotate（或简写 RO）

命令启动后，出现如下提示：

选择对象：

指定基点：

指定旋转角度，或［复制（C）/ 参照（R）］<0>：

2. 使用方法

（1）选好对象并指定基点，输入旋转角度，逆时针旋转为正角，顺时针旋转为负角。

（2）选好对象并指定基点后，输入［参照（R）］，将对象从参照角度旋转到特定角度。

注意：指定两点可确定一个角度，大小为两点确定的直线与 X 轴正方向的夹角。

例 1：打开 4a.dwg 文件，利用旋转命令修改图形，如图 4－1 所示。

绘图步骤：

（1）旋转 49° 的图形。

命令：Rotate

UCS 当前的正角方向：ANGDIR= 逆时针 ANGBASE=0

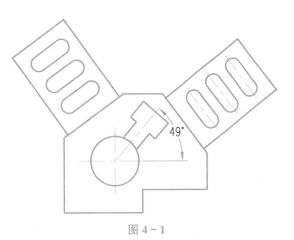

图 4－1

选择对象：//选择欲旋转 49° 的图形

选择对象：//回车结束选择

指定基点：//捕捉圆心

指定旋转角度，或［复制（C）/参照（R）］<0>：49

（2）移动图形后，再参照旋转图形。

命令：Move

选择对象：//选择欲移动的对象

选择对象：//回车结束选择

指定基点或［位移（D）］<位移>：//捕捉移动对象中点，如图 4-2 中的 A 点。

指定第二个点或<使用第一个点作为位移>：//捕捉目标对象中的点 A

命令：Rotate

UCS 当前的正角方向：ANGDIR= 逆时针 ANGBASE=0

选择对象：//选择欲旋转的对象

选择对象：//回车结束选择

指定基点：//捕捉中点，如图 4-2 中的 A 点。

指定旋转角度，或［复制（C）/参照（R）］<49>：r

指定参照角 <0>：指定第二点：//捕捉端点，如图 4-2 中的 B 点。

指定新角度或［点（P）]<0>：//捕捉端点，如图 4-2 中的 C 点。

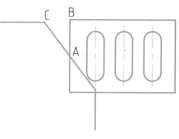

图 4-2 移动和旋转图形时捕捉特征点 A、B、C

二、比例缩放对象

缩放可以更改选定对象的所有尺寸的大小。

1. 启动

➢ 工具按钮：修改 ➔ 缩放

➢ 命令：Scale（或简写 SC）

命令启动后，出现以下提示：

选择对象：

指定基点：

指定比例因子或［复制（C）/参照（R）］<1.0000>：

2. 使用方法

（1）选好对象并指定基点后，输入比例因子，比例值始终为正值，大于 1 为放大对象，小于 1 为缩小对象。

注意：缩放对象时，必须指定某一基点作为固定点。

（2）选好对象并指定基点后，输入［参照（R）］，可指定图形对象缩放到特定大小。

注意：利用参照进行缩放时，指定两点的距离作为参照长度。

例 2：打开 4b.dwg 文件，利用比例缩放命令修改图形，结果如图 4 - 3 所示。

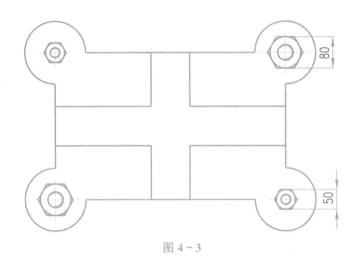

图 4 - 3

绘图步骤：

（1）在 4 个圆心的位置复制螺母图形（尺寸为 60）。

（2）缩小图形。

命令：Scale

选择对象：// 选择其一的螺母图形

选择对象：// 回车结束选择

指定基点：// 捕捉圆心

指定比例因子或［复制（C）/ 参照（R）］<1.0000>：50/60

（3）放大小图形。

选择对象：// 选择另一的螺母图形

选择对象：// 回车结束选择

指定基点：// 捕捉圆心

指定比例因子或［复制（C）/ 参照（R）］<1.0000>：80/60

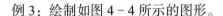
例 3：绘制如图 4-4 所示的图形。

绘图步骤：

（1）绘制任意大小的正八边形及 8 个小圆。

（2）绘制与 8 个小圆均相切的中心圆，如图 4-5 所示。

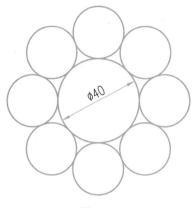

图 4-4

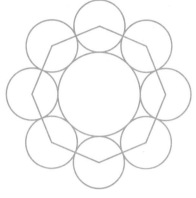

图 4-5　绘制正八边形及 8 个小圆

（3）参照比例缩放图形。

命令：Scale

选择对象：// 选择整个图形

选择对象：// 回车结束选择

指定基点：// 捕捉中心圆的圆心

指定比例因子或［复制（C）/参照（R）］<1.0000>：r

指定参照长度 <1.0000>：指定第二点：// 指定中心圆表示直径的两点

指定新的长度或［点（P）］<1.0000>：40

1.绘制如图 4-6 所示的图形。

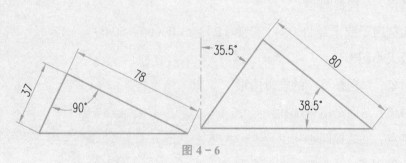

图 4-6

练习指导：

（1）直角三角形，如图4-7所示。

（2）利用参照旋转，旋转该直角三角形。

命令：Rotate

选择对象：// 选择直角三角形

选择对象：// 回车结束选择

指定基点：// 捕捉端点D

指定旋转角度，或［复制（C）/参照（R）］<74>：r

指定参照角 <0>：指定第二点：// 分别捕捉端点D和E

指定新角度或［点（P）］<0>：0

（3）绘制直线80和竖直线段，如图4-8所示。

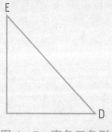

图4-7　直角三角形

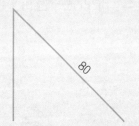

图4-8　绘制直线

（4）旋转竖直线段 –35.5°。

命令：Rotate

选择对象：// 选择竖直线段

指定基点：// 捕捉端点F

指定旋转角度，或［复制（C）/参照（R）］<74>：

–35.5

（5）绘制水平线段，并适当修剪。

2. 绘制如图4-9所示的图形。

绘图步骤：

（1）绘制半径为R10的小圆，并在水平方向上复
制3个小圆，如图4-10所示。

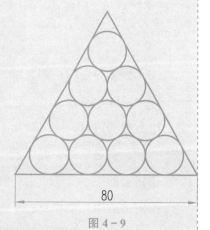

图4-9

图 4-10　绘制 4 个小圆

（2）设置极轴追踪增量角为 30°，在极轴追踪 60° 方向上复制 4 个小圆。

命令：Copy

选择对象：// 选择 4 个小圆

选择对象：// 回车结束选择

指定基点或［位移（D）/ 模式（O）］＜位移＞：// 捕捉第一个圆的圆心

指定第二个点或 ＜使用第一个点作为位移＞：20 　// 极轴追踪 60° 方向

指定第二个点或［退出（E）/ 放弃（U）］＜退出＞：40 　// 极轴追踪 60° 方向

指定第二个点或［退出（E）/ 放弃（U）］＜退出＞：60 　// 极轴追踪 60° 方向

指定第二个点或［退出（E）/ 放弃（U）］＜退出＞：// 回车退出命令，结果如图 4-11 所示。

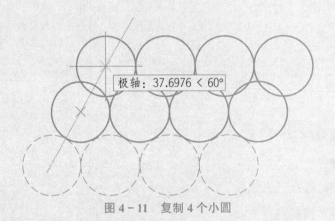

图 4-11　复制 4 个小圆

（3）删除多余的小圆，绘制辅助正三角形，如图 4-12 所示。

命令：Polygon

输入边的数目 <3>：3

指定正多边形的中心点或［边（E）］：e

指定边的第一个端点：// 捕捉左下角的圆心

指定边的第二个端点：// 捕捉右下角的圆心

（4）偏移正三角形，并删除原辅助三角形，结果如图 4-13 所示。

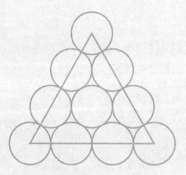

图 4－12　绘制辅助正三角形

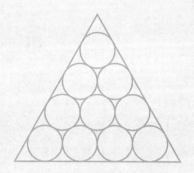

图 4－13　偏移正三角形

（5）参照缩放。

命令：Scale

选择对象：//选择整体对象

选择对象：//回车结束选择

指定基点：//捕捉左下角的端点

指定比例因子或［复制（C）/参照（R）］<0.7792>：r

指定参照长度 <51.3365>：指定第二点：//指定三角形边长的两端点

指定新的长度或［点（P）］<40.0000>：80

3. 按照图 4－14 所示的尺寸要求绘制图形。

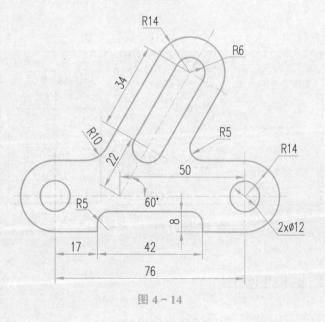

图 4－14

第二节　阵列对象

知识要点：

★ 矩形阵列命令的使用

★ 环形阵列命令的使用

一、阵列概述

1. 概念

阵列就是有规律地多重复制对象，分矩形阵列和环形阵列，如图 4-15 所示。

矩形阵列是以行列形式复制对象；环形阵列是绕中心点圆圈排列复制对象。

2. 启动

➢ 工具按钮：修改 → 阵列

➢ 命令：Array（或简写 AR）

命令启动后，将出现"阵列"对话框，如图 4-16 所示。

矩形陈列　　　　　环形陈列

图 4-15　阵列概念

图 4-16　"阵列"对话框

二、矩形阵列对话框的使用

选中"矩形阵列"选项时，对话框要素如下：

（1）选择对象——选择要阵列的对象；

（2）行数和列数——输入行数和列数；

（3）行偏移和列偏移——行偏移值向上为正、向下为负；列偏移值向右为正、向左为负；

（4）阵列角度——行方向与 X 轴正方向的角度。

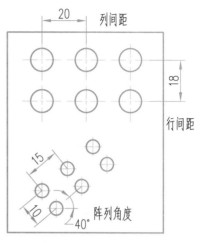

例 1：打开 4c.dwg 文件，利用阵列命令，修改成如图 4-17 所示的结果。

绘图步骤：

（1）阵列图形——水平方向。

命令：Array

选择"矩形阵列"选项，操作对话框，如图 4-18 所示。

图 4-17

图 4-18 "矩形阵列"对话框

（2）阵列图形——倾斜方向。

命令：Array

选择"矩形阵列"选项，操作对话框，如图 4-19 所示。

图 4-19 "矩形阵列"对话框

例 2：打开 4d.dwg 文件，图中矩形长 100mm，结果如图 4-20 所示。

绘图步骤：

（1）阵列"数字及长划"。

命令：Array

选择"矩形阵列"选项，操作对话框，如图 4–21 所示。

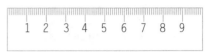

图 4–20

图 4–21 "矩形阵列"对话框

（2）双击数字，修改数值。

（3）阵列"短划"。

命令：Array

选择"矩形阵列"选项，操作对话框，如图 4–22 所示。

图 4–22 "矩形阵列"对话框

三、环形阵列对话框的使用

选中"环形阵列"选项时，对话框如图 4–23 所示，其要素如下：

（1）选择对象：选择要阵列的对象；

（2）序列中心点：选择要阵列的中心点；

（3）项目总数和填充角度：填充角度时逆时针为正、顺时针为负；

（4）复制时旋转项目。

例3：打开 4e.dwg 文件，利用阵列命令，修改成如图 4–24 所示的结果。

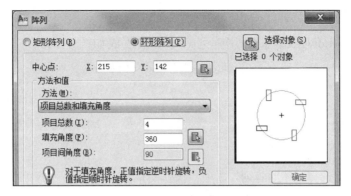

图 4 - 23　"环形阵列"对话框

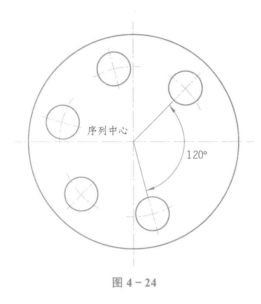

图 4 - 24

绘图步骤：

命令：Array

出现对话框后选择"环形阵列"选项，操作对话框，如图 4 - 25 所示。

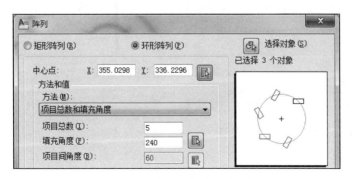

图 4 - 25　"环形阵列"对话框

注意：通过拾取点选择序列中心——圆心。

例4：打开4f.dwg文件，利用阵列命令，修改成如图4-26所示。

绘图步骤：

（1）环形阵列"长划"。

命令：Array

出现对话框后选择"环形阵列"选项，操作对话框，如图4-27所示。

图4-26

图4-27 "环形阵列"对话框

注意：通过拾取点选择序列中心——圆心。

（2）环形阵列"数字"。

命令：Array

出现对话框后选择"环形阵列"选项，操作对话框，如图4-28所示。

图4-28 "环形阵列"对话框

注意：取消"复制时旋转项目"复选框。

阵列后，双击数字以改变数值。

（3）环形阵列"短划"。

命令：Array

出现对话框后选择"环形阵列"选项，操作对话框，如图 4-29 所示。

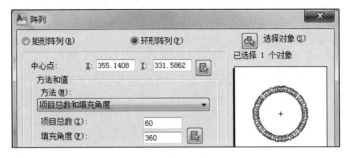

图 4-29 "环形阵列"对话框

注意：项目总数改为 60，恢复选中"复制时旋转项目"复选框。

1. 绘制如图 4-30 所示的图形。

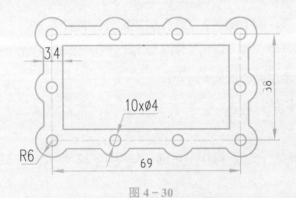

图 4-30

练习指导：

（1）启动"图层特性"管理器，创建并设置图层，如图 4-31 所示。

图 4-31 "图层特性"对话框

（2）切换到"中心线"层，绘制矩形 69×38。

（3）切换到"粗实线"层，分别向内、向外偏移该矩形。

命令：Offset

指定偏移距离或［通过（T）/删除（E）/图层（L）］＜通过＞：L

输入偏移对象的图层选项［当前（C）/源（S）］＜源＞：c　//设置偏移生成的对象属于当前图层

指定偏移距离或［通过（T）/删除（E）/图层（L）］＜通过＞：4

选择要偏移的对象，或［退出（E）/放弃（U）］＜退出＞://选择矩形

指定要偏移的那一侧上的点://选择向矩形内侧偏移

选择要偏移的对象，或［退出（E）/放弃（U）］＜退出＞://回车退出

命令：Offset

指定偏移距离或［通过（T）/删除（E）/图层（L）］<4.0000>：3

选择要偏移的对象，或［退出（E）/放弃（U）］＜退出＞://选择矩形

指定要偏移的那一侧上的点://选择向矩形外侧偏移

选择要偏移的对象，或［退出（E）/放弃（U）］＜退出＞://回车退出

（4）在左下角绘制同心圆 ∅4 和 ∅12。

（5）矩形阵列该同心圆。

命令：Array

选择"矩形阵列"选项，操作对话框，如图 4-32 所示。

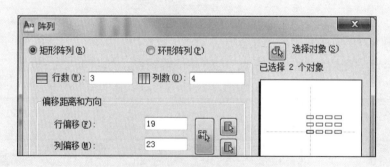

图 4-32 "矩形阵列"对话框

（6）删除多余同心圆，并修剪有关线段。

2.按照图 4-33 所示的尺寸要求绘制图形。

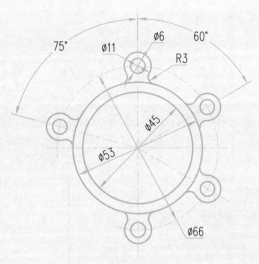

图 4 - 33

图 4 - 34　"图层特性"对话框

练习指导：

（1）启动"图层特性"管理器，创建并设置图层，如图 4 - 34 所示。

（2）切换到"中心线"层，绘制中心定位线，如图 4 - 35 所示。

（3）切换到"粗实线"层，绘制已知线段及连接圆弧，如图 4 - 36 所示。

图 4 - 35　绘制中心定位线

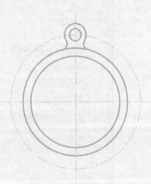

图 4 - 36　绘制已知线段及连接圆弧

（4）环形阵列右侧 4 个"耳朵"形

命令：Array

出现对话框后选择"环形阵列"选项，操作对话框，如图 4-37 所示。

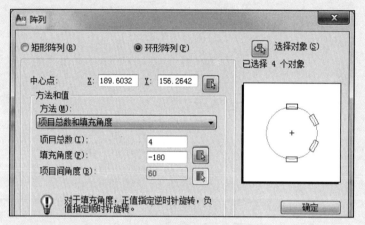

图 4-37 "环形阵列"对话框

注意：通过拾取点选择序列中心——圆心。

（5）环形阵列左侧两个"耳朵"形

命令：Array

出现对话框后选择"环形阵列"选项，操作对话框，如图 4-38 所示。

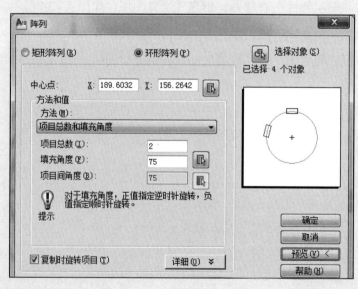

图 4-38 "环形阵列"对话框

注意：项目总数为 2 个，阵列对象不变。

3.按照图 4－39 所示的尺寸要求绘制图形。

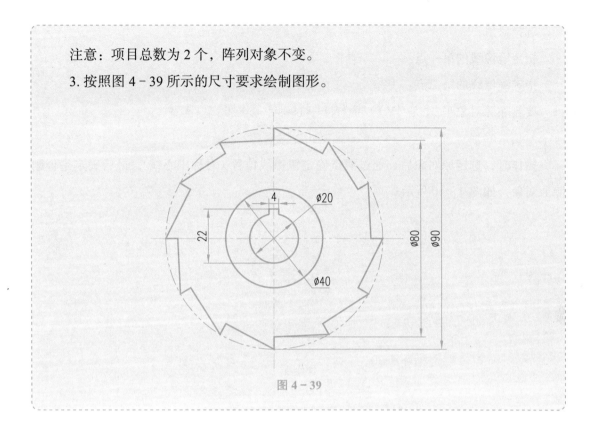

图 4－39

第三节　镜像和拉伸对象

知识要点：

★ 镜像命令的使用

★ 拉伸命令的使用

一、镜像命令的使用

可以绕指定轴翻转对象。对创建对称图形非常有用，因为可以快速绘制半个图形，然后将其镜像，而不必绘制整个图形。

1.启动

➤ 工具按钮：修改 ➜ 镜像

➤ 命令：Mirror（或简写 Mi）

命令启动后，出现以下提示：

选择对象：

指定镜像线的第一点：

指定镜像线的第二点：

要删除源对象吗？［是（Y）/否（N）］<N>：

2. 使用方法

操作时，选定原对象后，通过两点确定镜像线位置（对称中心线），最后确定是否删除原对象，如图 4 - 40 所示。

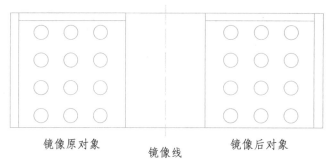

镜像原对象   镜像线   镜像后对象

图 4 - 40 镜像命令的使用

例 1：绘制如图 4 - 41 所示的图形。

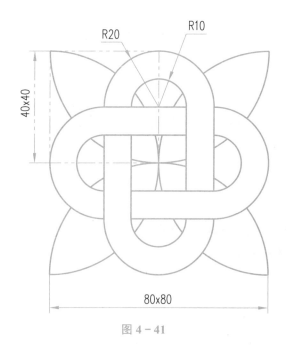

图 4 - 41

绘图步骤：

（1）绘制矩形 40×40，并分解图形（explode 命令，简写 X）。

（2）在该矩形内绘制圆弧、中间直线，如图 4-42 的左图。

（3）创建 R20 的圆弧，并偏移该圆弧及直线，如图 4-42 的右图。

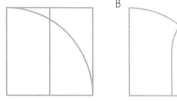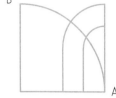

图 4-42　绘制矩形和圆弧并偏移

（4）绘制镜像图中的圆弧及相关直线。

命令：Mirror

选择对象：// 选择圆弧及相关线段

选择对象：// 回车结束选择

指定镜像线的第一点：// 捕捉端点，如图 4-42 的 A 点。

指定镜像线的第二点：// 捕捉端点，如图 4-42 的 B 点。

要删除源对象吗?［是（Y）/ 否（N）］<N>：n　// 结果如图 4-43。

（5）继续绘制镜像图形。

命令 Mirror

选择对象：// 选择圆弧及相关线段

选择对象：// 回车结束选择

指定镜像线的第一点：// 捕捉端点，如图 4-43 的 A 点。

指定镜像线的第二点：// 捕捉端点，如图 4-43 的 C 点。

要删除源对象吗?［是（Y）/ 否（N）］<N>：n　// 结果如图 4-44。

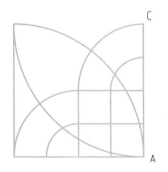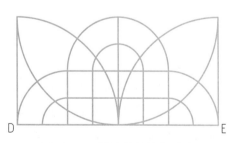

图 4-43　镜像图中的圆弧及相关直线　　图 4-44　继续绘制镜像图形

（6）继续绘制镜像图形。

命令：Mirror

选择对象：// 选择圆弧及相关线段

选择对象：// 回车结束选择

指定镜像线的第一点：// 捕捉端点，如图 4 - 44 的 D 点。

指定镜像线的第二点：// 捕捉端点，如图 4 - 44 的 E 点。

要删除源对象吗？[是（Y）/否（N）] <N>：n

（7）参照样图，修剪有关线段。

二、拉伸命令的使用

1. 启动

➢ 工具按钮：修改 → 拉伸

➢ 命令：Stretch（或简写 S）

命令启动后，出现以下提示：

选择对象：

指定基点或 [位移（D）] <位移>：

指定第二个点或 <使用第一个点作为位移>：

2. 使用方法

（1）选择对象——以交叉窗口或交叉多边形选择要拉伸的对象，如图 4 - 45 所示。

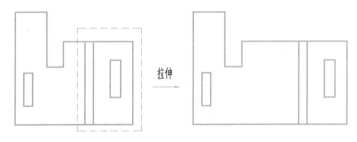

图 4 - 45　以交叉窗口选择对象

（2）为拉伸指定一个基点及其目标点，以确定距离和方向。

注意：凡在交叉窗口中的图元被移动，与交叉窗口相交的图元则被延伸或缩短。

例 2：绘制如图 4 - 46 所示的图形。

绘图步骤：

（1）绘制外围轮廓。

（2）在 B 点处绘制 "工" 字形，并移动到目标位置，如图 4 - 47 所示。

（3）复制 "工" 字形的图形。

（4）拉伸 "工" 字形的图形。

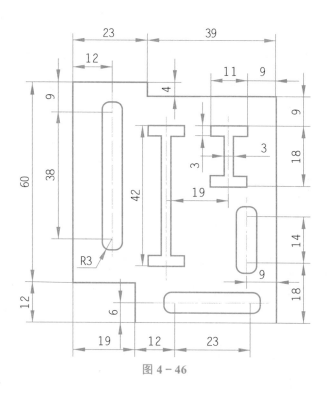

图 4-46

命令：Stretch

以交叉窗口或交叉多边形选择要拉伸的对象

选择对象：// 以交叉窗口选择对象，如图 4-47 所示。

选择对象：// 回车结束选择

指定基点或［位移（D）］＜位移＞：// 指定基点为拉伸距离参考点

指定第二个点或＜使用第一个点作为位移＞：24　// 极轴追踪 270°

（5）在 A 点处绘制圆头槽形，并移动到目标位置，如图 4-48 所示。

（6）复制"圆头槽形"，调整位置，如图 4-49所示。

（7）拉伸圆头槽形。

命令：Stretch

以交叉窗口或交叉多边形选择要拉伸的对象

选择对象：// 以交叉窗口选择图形对象，如图 4-49 所示。

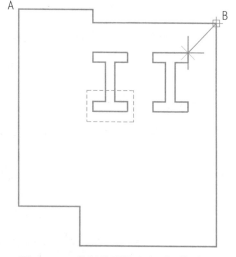

图 4-47　绘制外围轮廓和"工"字形

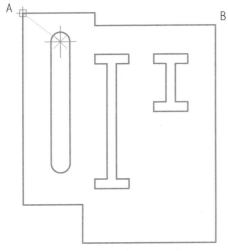

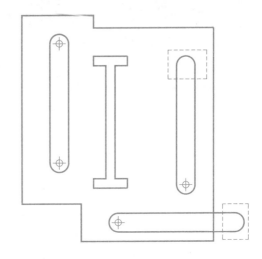

图 4-48 拉伸"工"字形和绘制圆头槽形   图 4-49 拉伸圆头槽形

选择对象：∥回车结束选择

指定基点或［位移（D）］＜位移＞：

指定第二个点或＜使用第一个点作为位移＞：15 ∥极轴追踪 180°

命令：Stretch

以交叉窗口或交叉多边形选择要拉伸的对象

选择对象：∥交叉窗口选择图形对象，如图 4-49。

选择对象：∥回车结束选择

指定基点或［位移（D）］＜位移＞：

指定第二个点或＜使用第一个点作为位移＞：24 ∥极轴追踪 270°

课后习题

1. 按照图 4-50 所示的尺寸要求绘制手柄平面图。

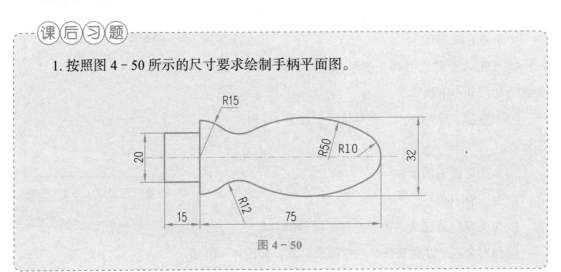

图 4-50

练习指导：

（1）启动"图层特性"管理器，创建并设置图层，如图 4-51 所示。

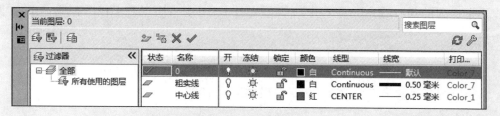

图 4-51 "图层特性"对话框

（2）切换到"中心线"层，绘制中心轴线及定位辅助线，如图 4-52 所示。

图 4-52 绘制中心轴线及定位辅助线

（3）切换到"粗实线"层，绘制已知线段（因为对称，可画一半图形）。

命令：Line 指定第一点：// 捕捉交点，如图 4-52 中的 A 点

指定下一点或 [放弃（U）]：10 // 极轴追踪 90°

指定下一点或 [放弃（U）]：15 // 极轴追踪 0°

指定下一点或 [闭合（C）/放弃（U）]：↵

命令：Line 指定第一点：// 捕捉交点，如图 4-52 中的 B 点。

指定下一点或 [放弃（U）]：15 // 极轴追踪 90°

指定下一点或 [放弃（U）]：// 回车退出命令

命令：Circle

指定圆的圆心：// 捕捉交点，如图 4-52 中的 B 点。

指定圆的半径或 [直径（D）] <10.0000>：15

命令：Trim

选择剪切边

选择对象或 < 全部选择 >：// 选择 B 点所在竖线

选择对象：// 回车结束选择

选择要修剪的对象：// 选择 R15 圆的左边部分

选择要修剪的对象：//回车退出命令

命令：Circle

指定圆的圆心或［三点（3P）/两点（2P）/切点、切点、半径（T）］：2p　//两点法画圆

指定圆直径的第一个端点：//捕捉交点，如图 4 - 52 中的 C 点。

指定圆直径的第二个端点：20　//极轴追踪 180°

命令：Offset

指定偏移距离或［通过（T）/删除（E）/图层（L）］<16.0000>：16

选择要偏移的对象，或［退出（E）/放弃（U）]<退出>：//选择中心轴线

指定要偏移的那一侧上的点：//选择向上偏移

选择要偏移的对象，或［退出（E）/放弃（U）]<退出>：//回车退出命令

结果如图 4 - 53 所示。

图 4 - 53　绘制已知线段

（4）绘制连接 R50 和 R12 的圆弧

命令：Circle

指定圆的圆心或［三点（3P）/两点（2P）/切点、切点、半径（T）］：t

指定对象与圆的第一个切点：//选择上面的水平线

指定对象与圆的第二个切点：//选择右边的 R10 的圆

指定圆的半径 <10.0000>：50

命令：Fillet

当前设置：模式 = 修剪，半径 = 0.0000

选择第一个对象或［放弃（U）/多段线（P）/半径（R）/修剪（T）/多个（M）］：r

指定圆角半径 <0.0000>：12

选择第一个对象：//选择 R50 的圆

选择第二个对象，或按住"Shift"键选择要应用角点的对象：//选择 R15 的

圆弧

最后进行必要的修剪，结果如图 4 – 54 所示。

图 4 – 54　绘制连接 R50 和 R12 的圆弧

（5）镜像图形，并删除多余线段。

2. 按照图 4 – 55 所示的尺寸要求绘制图形。

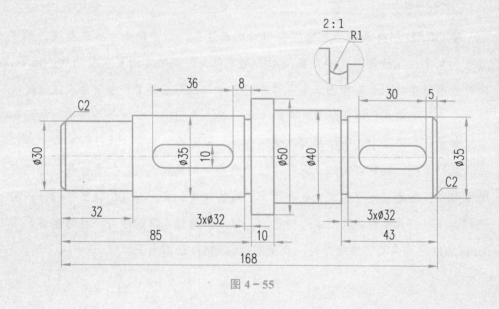

图 4 – 55

第五章
绘制及编辑复杂图形对象

学习指南

　　AutoCAD 中有些图形对象构成相对比较复杂，如多段线、样条曲线、图案填充、文字和图块等。这些复杂的图形对象都是按照特定的要求绘制的，因此，这部分内容要绘图命令和编辑命令结合起来学习，而且每个命令用法也是固定的模式，灵活度较小，也比较复杂一些。学习时，我们必须理解复杂图形对象的含义，掌握每个命令中各选项的具体使用方法，做到有的放矢。在这一章中，多段线既能画直线，也能画圆弧，同时可以画具有一定宽度的线；样条曲线利用夹点编辑模式；图案填充中图案选择和填充区域的确定；文字样式的设置和书写；图块的制作与插入等都是我们学习的重点与难点。通过本章的学习，我们能够解决AutoCAD 的许多绘图难题，进一步提高 AutoCAD 绘图水平。

主要内容

➢ 绘制及编辑多段线

➢ 样条曲线和夹点编辑

➢ 图案填充

➢ 文字样式的设置和注写

➢ 制作及插入图块

第一节　多段线绘制及编辑

知识要点：

★ 多段线的绘制

★ 多段线的编辑

一、绘制多段线

它是由多段直线或圆弧构成的组合线段，前面学过的矩形和正多边形就是多段线。

1. 启动

➢ 工具按钮：绘图 → 多段线

➢ 命令：Pline（或简写 PL）

命令启动后，出现以下提示：

指定起点：

指定下一个点或 [圆弧（A）/ 半宽（H）/ 长度（L）/ 放弃（U）/ 宽度（W）]：

2. 使用方法

（1）既可绘制直线，也可绘制圆弧。

➢ [圆弧（A）]：切换到圆弧绘制

➢ [直线（L）]：切换到直线绘制。

（2）能绘制具有一定宽度的线段

➢ [宽度（W）/ 半宽（H）]：指定线宽。

例 1：绘制如图 5-1 所示的图形。

绘图步骤：

（1）绘制直线长度为 93 的辅助线，并对其进行 5 等分。

（2）绘制多段线

命令：Pline

指定起点：// 捕捉辅助线的左端点

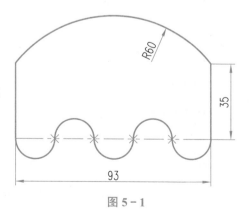

图 5-1

指定下一个点或［圆弧（A）/ 半宽（H）/ 长度（L）/ 放弃（U）/ 宽度（W）］：a // 绘制圆弧

指定圆弧的端点或［角度（A）/ 圆心（CE）/ 方向（D）/ 半宽（H）/ 直线（L）/ 半径（R）/ 第二个点（S）/ 放弃（U）/ 宽度（W）］：d // 指定用起点的切点方向画圆弧

指定圆弧的起点切向：// 竖直向下

指定圆弧的端点：// 捕捉节点

指定圆弧的端点：// 捕捉下一个节点

指定圆弧的端点：// 捕捉下一个节点

指定圆弧的端点：// 捕捉下一个节点

指定圆弧的端点：// 捕捉辅助线的右端点

指定圆弧的端点或［角度（A）/ 圆心（CE）/ 闭合（CL）/ 方向（D）/ 半宽（H）/ 直线（L）/ 半径（R）/ 第二个点（S）/ 放弃（U）/ 宽度（W）］：l // 改为绘制直线

指定下一点：35 // 极轴追踪 90°

指定下一点或［圆弧（A）/ 闭合（C）/ 半宽（H）/ 长度（L）/ 放弃（U）/ 宽度（W）］：a // 改为绘制圆弧

指定圆弧的端点或［角度（A）/ 圆心（CE）/ 闭合（CL）/ 方向（D）/ 半宽（H）/ 直线（L）/ 半径（R）/ 第二个点（S）/ 放弃（U）/ 宽度（W）］：r // 利用已知半径画圆弧

指定圆弧的半径：60

指定圆弧的端点或［角度（A）］：// 对象追踪交点

指定圆弧的端点或［角度（A）/ 圆心（CE）/ 闭合（CL）/ 方向（D）/ 半宽（H）/ 直线（L）/ 半径（R）/ 第二个点（S）/ 放弃（U）/ 宽度（W）］：l // 改为绘制直线

指定下一点：// 捕捉起始端点

指定下一点：// 回车退出命令

例 2：绘制如图 5 - 2 所示的图形。

绘图步骤：

命令：Pline

指定起点：

指定下一点：25 // 极轴追踪 0°

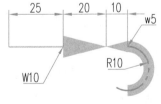

图 5 - 2

指定下一点或［圆弧（A）/ 闭合（C）/ 半宽（H）/ 长度（L）/ 放弃（U）/ 宽度（W）］：w

指定起点宽度 <0.0000>：10

指定端点宽度 <10.0000>：0

指定下一点：20　　// 极轴追踪 0°

指定下一点或 ［圆弧（A）/ 闭合（C）/ 半宽（H）/ 长度（L）/ 放弃（U）/ 宽度（W）］：w

指定起点宽度 <0.0000>：0

指定端点宽度 <0.0000>：5

指定下一点：10　　// 极轴追踪 0°

指定下一点或 ［圆弧（A）/ 闭合（C）/ 半宽（H）/ 长度（L）/ 放弃（U）/ 宽度（W）］：a

指定圆弧的端点：20　　// 极轴追踪 270°

指定圆弧的端点：// 回车退出命令

二、编辑多段线

它常见用途包含合并二维多段线、将线条和圆弧转换为二维多段线以及将多段线转换为近似 B 样条曲线的曲线（拟合多段线）。

1. 启动

➤ 工具按钮：修改 ➔ 编辑多段线

➤ 命令：Pedit（或简写 PE）

命令启动后，出现如下提示：

选择多段线或 ［多条（M）］：

输入选项 ［闭合（C）/ 合并（J）/ 宽度（W）/ 编辑顶点（E）/ 拟合（F）/ 样条曲线（S）/ 非曲线化（D）/ 线型生成（L）/ 反转（R）/ 放弃（U）］：

2. 使用方法

➤ 通过选项【合并（J）】可将多条相连的线段合并到当前多段线上；

➤ 通过【宽度（W）】可调整多段线宽度。

例 3：绘制如图 5-3 所示的图形，设置多段线宽度为 1mm。

绘图步骤：

（1）绘制"G"字形。首先绘制正六边形并分解其图形，然后旋转其中一条线段，结果如图 5-4 所示。

（2）编辑多段线。

命令：Pedit

选择多段线或 ［多条（M）］：// 选择其中一条直线

选定的对象不是多段线

是否将其转换为多段线？ <Y>y　//将该直线转换为多段线

输入选项［闭合（C）/合并（J）/宽度（W）/编辑顶点（E）/拟合（F）/样条曲线（S）/非曲线化（D）/线型生成（L）/反转（R）/放弃（U）］：j　//选择合并，可将多条相连的线段合并到当前多段线上

选择对象：//选择其他直线

选择对象：//回车结束选择

多段线已增加 5 条线段

输入选项［闭合（C）/合并（J）/宽度（W）/编辑顶点（E）/拟合（F）/样条曲线（S）/非曲线化（D）/线型生成（L）/反转（R）/放弃（U）］：//回车退出命令

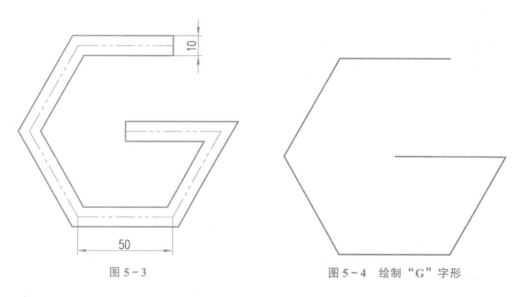

图 5－3

图 5－4　绘制"G"字形

（3）将多段线向两侧各偏移 5，用直线封口。

（4）编辑多段线。

命令：PE

Pedit 选择多段线或［多条（M）］：//选择偏移后的多段线

输入选项［闭合（C）/合并（J）/宽度（W）/编辑顶点（E）/拟合（F）/样条曲线（S）/非曲线化（D）/线型生成（L）/反转（R）/放弃（U）］：j　//选择合并，将其他相连的线段合并到该多段线中

选择对象：//选择其他线段

选择对象：//回车结束选择

多段线已增加 8 条线段

输入选项［打开（O）/合并（J）/宽度（W）/编辑顶点（E）/拟合（F）/样条曲线（S）/非曲线化（D）/线型生成（L）/反转（R）/放弃（U）］：w　//设置多段线宽度

指定所有线段的新宽度：1

输入选项［打开（O）/合并（J）/宽度（W）/编辑顶点（E）/拟合（F）/样条曲线（S）/非曲线化（D）/线型生成（L）/反转（R）/放弃（U）］：//回车退出命令

课后习题

1.绘制如图 5-5 所示的图形。

练习指导：

（1）绘制直线长度为 80 的辅助线，并对其进行 4
等分。

（2）绘制连续的多段线。

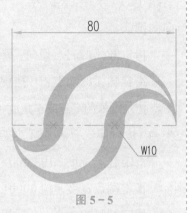

图 5-5

命令：Pline

指定起点：//捕捉辅助线的左端点

指定下一个点或［圆弧（A）/半宽（H）/长度（L）/
放弃（U）/宽度（W）］：a　//绘制圆弧

指定圆弧的端点或［角度（A）/圆心（CE）/方向（D）/半宽（H）/直线（L）/半径（R）/
第二个点（S）/放弃（U）/宽度（W）］：w　//设置圆弧宽度

指定起点宽度 <10.0000>：0

指定端点宽度 <0.0000>：10

指定圆弧的端点或［角度（A）/圆心（CE）/方向（D）/半宽（H）/直线（L）/半径（R）/
第二个点（S）/放弃（U）/宽度（W）］：d　//用起点的切点方向画圆弧

指定圆弧的起点切向：//竖直向下

指定圆弧的端点：//捕捉节点，完成第一段圆弧

指定圆弧的端点或［角度（A）/圆心（CE）/闭合（CL）/方向（D）/半宽（H）/直线（L）/
半径（R）/第二个点（S）/放弃（U）/宽度（W）］：w　//设置第二段圆弧宽度

指定起点宽度 <10.0000>：10

指定端点宽度 <10.0000>：0

指定圆弧的端点：//捕捉辅助线的右端点，完成第二段圆弧

指定圆弧的端点或［角度（A）/圆心（CE）/闭合（CL）/方向（D）/半宽（H）/直线（L）/半径（R）/第二个点（S）/放弃（U）/宽度（W）]：w　//设置第三段圆弧宽度

指定起点宽度 <0.0000>：0

指定端点宽度 <0.0000>：10

指定圆弧的端点或［角度（A）/圆心（CE）/闭合（CL）/方向（D）/半宽（H）/直线（L）/半径（R）/第二个点（S）/放弃（U）/宽度（W）]：d　//用起点的切点方向画圆弧

指定圆弧的起点切向：//竖直向上

指定圆弧的端点：//捕捉节点，完成第三段圆弧

指定圆弧的端点或［角度（A）/圆心（CE）/闭合（CL）/方向（D）/半宽（H）/直线（L）/半径（R）/第二个点（S）/放弃（U）/宽度（W）]：w　//设置第四段圆弧宽度

指定起点宽度 <10.0000>：10

指定端点宽度 <10.0000>：0

指定圆弧的端点：//捕捉线段起始点，完成第四段圆弧

指定圆弧的端点：//回车退出命令

2. 绘制如图 5-6 所示的图形。

练习指导：

（1）绘制多段线，如图 5-7 所示。

（2）向左连续偏移多段线，偏移距离为 5，如图 5-8 所示。

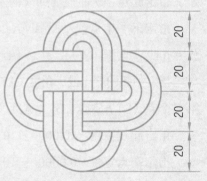

图 5-6

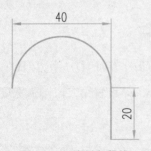

图 5-7　绘制多段线

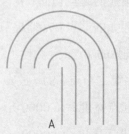

图 5-8　偏移多段线

（3）环形阵列。

命令：Array 操作对话框，如图 5 - 9 所示。

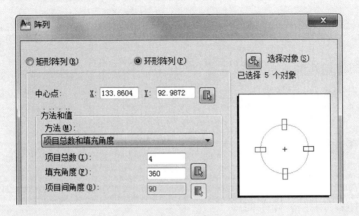

图 5 - 9 "环形阵列"对话框

注意：阵列中心为 A 点。

3.按照图 5 - 10 所示的尺寸要求绘制图形。

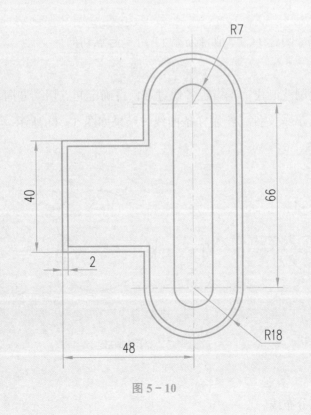

图 5 - 10

第二节 样条曲线和图案填充

知识要点：

★ 样条曲线的绘制及编辑

★ 图案填充及其编辑

一、绘制样条曲线

1. 启动

➢ 工具按钮：绘图 → 样条曲线

➢ 命令：Spline（或简写 SPL）

命令启动后，出现以下提示：

指定第一个点或［对象（O）］：

指定下一点：

指定下一点或［闭合（C）/ 拟合公差（F）］＜起点切向＞：

2. 使用方法

主要是用于绘制波浪线，先指定各通过点，再确定起点切线方向和终点切线方向。

例 1：打开 5a.dwg 文件，绘制样条曲线，结果如图 5 - 11 所示。

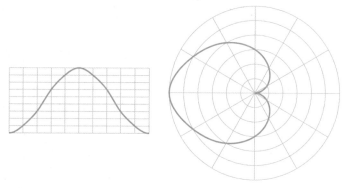

图 5 - 11 样条曲线

绘图步骤：

（1）绘制正态分布线。

命令：Spline

指定第一个点或［对象（O）］：// 捕捉左下交点

指定下一点：// 捕捉第二个交点

指定下一点或［闭合（C）/ 拟合公差（F）］< 起点切向 >：// 捕捉第三个交点

……

指定下一点或［闭合（C）/ 拟合公差（F）］< 起点切向 >：// 捕捉第十一个交点

指定下一点或［闭合（C）/ 拟合公差（F）］< 起点切向 >：↵

指定起点切向：// 水平向左

指定端点切向：// 水平向左

（2）绘制心形线。

命令：Spline

指定第一个点或［对象（O）］：// 捕捉圆心为起点

指定下一点：// 捕捉第一个交点

指定下一点或［闭合（C）/ 拟合公差（F）］< 起点切向 >：// 捕捉第二个交点

……

指定下一点或［闭合（C）/ 拟合公差（F）］< 起点切向 >：// 再次捕捉圆心为终点

指定下一点或［闭合（C）/ 拟合公差（F）］< 起点切向 >：↵

指定起点切向：// 水平向左

指定端点切向：// 水平向左

3. 编辑样条曲线

➤ 工具按钮：修改 → 编辑样条曲线（略）

➤ 夹点编辑模式：夹点拉伸

（1）概念：在无命令输入的情况下直接选择对象，对象关键点上将出现蓝色方框，即夹点，可以拖动夹点直接而快速地编辑对象。

（2）操作方法：可以拖动夹点执行拉伸、移动、旋转、缩放或镜像操作。选定对象后，请选择作为操作基点的夹点（也称为热夹点）。然后选择一种夹点模式，可以通过按" Enter"键或空格键循环选择这些模式。按"Esc"键，取消夹点选择。

例2：绘制如图 5－12 所示的雨伞平面图。

图 5－12　雨伞平面图

绘图步骤：

（1）绘制 3 个等长轴的椭圆，大小通过夹点编辑调节，如图 5‑13 所示。

（2）利用"多段线"命令绘制雨伞的手柄，如图 5‑14 所示。

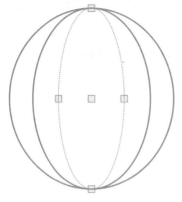

图 5‑13　绘制 3 个等长轴的椭圆

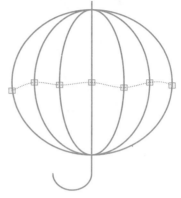

图 5‑14　绘制伞柄及样条曲线

（3）绘制样条曲线，利用"夹点"编辑调整，如图 5‑14 所示。

（4）以样条曲线为界，修剪各椭圆。

二、图案填充

使用图案填充可象征性地表示材质（例如沙子、混凝土、钢铁、泥土等）。

1. 启动

➤ 工具按钮：绘图 ➡ 图案填充

➤ 命令：Bhatch（或简写 BH、H）

启动图案填充命令后，出现"图案填充和渐变色"对话框，如图 5‑15 所示。

2. 使用方法

"图案填充和渐变色"对话框操作说明：

（1）类型和图案——选择填充图案类型；

（2）边界——选择填充区域边界；

（3）预览——填充图案预览；

（4）角度和比例——适当调节填充比例和角度。

3. 编辑图案填充

➤ 工具按钮：修改 ➡ 编辑图案填充

➤ 双击填充图案对象

图 5-15   "图案填充和渐变色"对话框

启动图案填充编辑命令后，出现"图案填充编辑"对话框，操作方法类似。

例 3：打开 5b.dwg 文件，给各封闭区域填充不同的图案，结果如图 5-16 所示。

绘图步骤：

（1）图案填充"金属"材质图案。

命令：Bhatch

启动图案填充命令后，出现"图案填充和渐变色"对话框，如图 5-17 所示，操作如下：

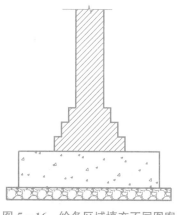

图 5-16   给各区域填充不同图案

图 5-17   "图案填充和渐变色"对话框

选择图案类型为"ANSI31";

填充边界选择添加拾取点——拾取内部点;

预览后,可按"Esc"键返回到对话框或 <单击右键接受图案填充 >。

(2)图案填充"AR-CONC"图案,比例为 0.1(其他操作同上)。

(3)图案填充"GRAVEL"图案,比例为 0.5(其他操作同上)。

例 4:绘制如图 5-18 所示的足球平面图。

绘图步骤:

(1)绘制两个大小相同的正六边形,如图 5-19 所示。

图 5-18

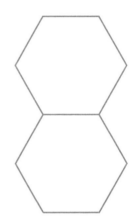

图 5-19　绘制两个正六边形

(2)环形阵列,以其中一个正六边形的中心为序列中心,阵列另一个正六边形。

(3)绘制圆,利用夹点编辑调整大小和位置,如图 5-20 所示。

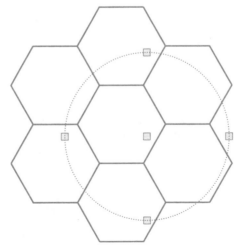

图 5-20　环形阵列正六边形并画圆

（4）以圆为边界，修剪各正六边形。

（5）图案填充命令：Bhatch。

在出现的对话框中，图案选择"渐变色"（其他操作同上）。

课后习题

1. 打开 5c.dwg 文件，改画成局部视图，结果如图 5-21 所示。

2. 打开 5d.dwg 文件，改画成局部剖视图，结果如图 5-22 所示。

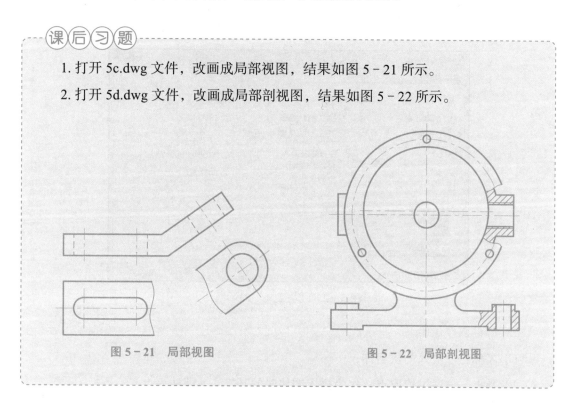

图 5-21   局部视图

图 5-22   局部剖视图

第三节   图块和文字

知识要点：

★ 图块的制作和插入

★ 文字样式的设置

★ 文字注写及修改

★ 图块属性的定义

一、创建图块

块是组成复杂图形的一组实体的集合。在绘图时出现许多反复使用的图形，可事先创建成块并按需要插入，提高绘图效率。

1. 启动

➤ 工具按钮：块 → 创建

➤ 命令：Block（或简写 B）

命令启动后，出现"块定义"对话框，如图 5 – 23 所示。

图 5 – 23 "块定义"对话框

2. 对话框操作说明

（1）名称——输入图块名称；

（2）基点——通过拾取点，作为插入图块时的基准点（即插入点）；

（3）对象——选择对象，作为图块的图形对象。

二、插入图块

1. 启动

➤ 工具按钮：块 → 插入

➤ 命令：Insert（或简写 I）

命令启动后，出现"插入"对话框，如图 5 – 24 所示。

图 5 – 24 "插入"对话框

2. 对话框操作说明

（1）名称——选择图块名称；

（2）插入点——确定插入点的位置，可选择在屏幕上指定；

（3）比例——输入 X 轴、Y 轴和 Z 轴的缩放比例，可选择同一比例；

（4）旋转——确定插入时的旋转方向，可选择在屏幕上指定。

例1：打开"5e.dwg"文件，制作"螺栓"和"螺母"图块，并参照如图 5-25 所示的位置插入相应图块。

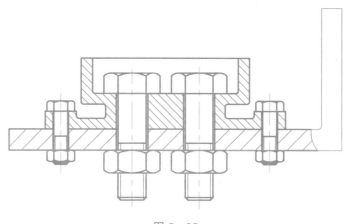

图 5-25

绘图步骤：

（1）制作"螺栓"图块。

命令：Block

命令启动后，出现"块定义"对话框，如图 5-26 所示。

图 5-26　"块定义"对话框

在"块定义"对话框中输入名称"螺栓"，拾取基点并选择对象。

（2）用同样的方法，制作"螺母"图块。

（3）插入"螺栓"图块。

命令：Insert

命令启动后，出现"插入"对话框，如图 5 - 27 所示，在"插入"对话框中选择名称"螺栓"，在屏幕上指定插入点和旋转方向，统一比例为 2。

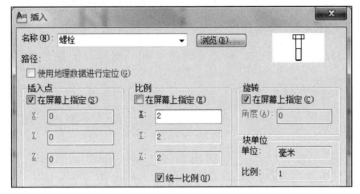

图 5 - 27 "插入"对话框

指定插入点或 [基点（B）/ 比例（S）/ 旋转（R）]：// 确定插入点位置

指定旋转角度 <0>：0

同样地，在其他位置插入"螺栓"图块

（4）用同样的方法，插入"螺母"图块。

（5）分解图块，参照样图进行必要的修剪。

三、设置文字样式

图形中添加文字可以表达各种信息，而所有这些文字都具有与之相关联的文字样式。

➢ 工具按钮：注释 ➔ 文字样式

➢ 命令：Style（或简写 ST）

命令启动后，出现"文字样式"对话框，AutoCAD 有默认的 Standard 文字样式，并不符合制图规范中对文字的要求，我们可以创建新的文字样式。在工程制图中，一般采用长仿宋体，即仿宋体，并设置字宽约等于字高的 0.7 倍。新建文字样式，名称为"长仿宋体"，设置如图 5 - 28 所示。

AutoCAD 默认的 Standard 文字样式无法删除，但是我们可以进行合适的设置并加以利用。AutoCAD 为了满足不同国家的使用要求，制作了自己的 Shx 字体，其中按照我国国标要求制作的字体有：gbenor.shx（正体）和 gbeitc.shx（斜体），用于标注英文和数字；大字体 gbcbig.shx，用于标注符合制图标准的中文字体。所以可将 Standard 文字样式修改设置成如上所述的 Shx 字体，将给我们制图时书写文字带来极大的方便。设置如图 5-29所示。

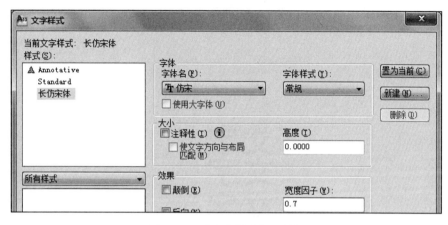

图 5-28 "文字样式"对话框

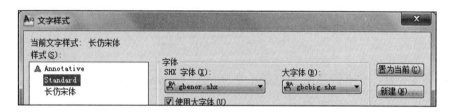

图 5-29 设置文字样式

四、创建文字

1. 单行文字

➤ 工具按钮：注释 ➜ 单行文字

➤ 命令：Dtext（或简写 DT）

命令启动后，出现如下提示：

指定文字的起点或［对正（J）/样式（S）］：   // 直接在屏幕上输入文字，即动态文字。

2. 多行文字

➤ 工具按钮：注释 ➜ 多行文字

➤ 命令：Mtext（或简写 MT）

命令启动后，出现如下提示：

指定第一角点：

指定对角点或［高度 (H)/对正 (J)/行距 (L)/旋转 (R)/样式 (S)/宽度 (W)/栏 (C)］: //确定一个矩形框后，进入"文字编辑器"对话框，进行文字的输入与排版。

3. 选项说明

对正 (J) ——设置对齐方式，对齐基点如图 5 - 30 所示。

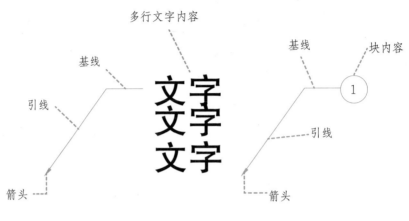

图 5 - 30　文字对齐方式

文字高度 (H) ——常用的字高有：2.5mm、3.5mm、5mm、7mm、10mm、14mm、20mm 等。选用的字高与图幅有关系，如表 5 - 1 所示。

表 5 - 1　字高与图幅关系表

字高＼图幅	A0	A1	A2	A3	A4
字母和数字	5			3.5	
汉字	7			5	

4. 文字编辑

输入文字后，如果需要修改，我们只要做如下操作：

➢ 双击文字对象

➢ 命令：Ddedit（或简写 ED）

此时，文字编辑会进入创建文字时的状态，供你修改文字内容及其他。

例 2：新建文字样式为"长仿宋体"，字高 7，利用多行文字命令输入如下技术要求。未注圆角 R2；未注倒角 C2；除油、除锈、防腐处理。

例 3：设置 Standard 文字样式，字体为 gbenor.shx，大字体为 gbcbig.shx，字高 5，居中对齐，利用单行文字命令输入数字（注意：特殊符号控制码"%%c"表示直径"ø"，"%%d"表示度数"°"，"%%p"表示正负"±"）：直径 Ø100；角度 30°；尺寸及其公差 50 ± 0.024。

五、定义图块属性

属性是附着在图块上的文字信息，类似于商品的标签。

1. 启动

➢ 工具按钮：块 → 定义属性

➢ 命令：Attdef（或简写 ATT）

命令启动后，出现"属性定义"对话框，如图 5 - 31 所示。

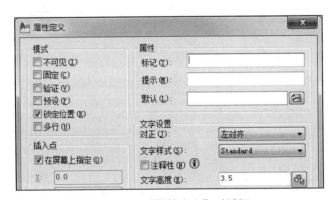

图 5 - 31　"属性定义"对话框

2. 对话框操作说明

标记——标识图形中每次出现的属性，使用任何字符组合输入属性标记；

提示——指定在插入包含该属性定义的块时显示的提示；

默认值——指定默认的属性值；

插入点——选择在屏幕上指定；

文字设置——设置属性文字的对齐方式、文字样式和文字高度等。

例 4：打开"5f.dwg"文件，制作附有属性的粗糙度图块，并参照如图 5 - 32 所示的位置插入图块进行标注。

绘图步骤：

（1）绘制粗糙度符号，如图 5 - 33 所示。

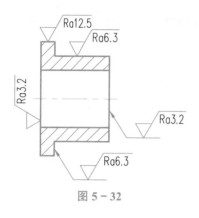

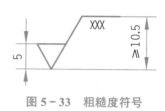

图 5－32　　　　　　　　　　　　图 5－33　粗糙度符号

（2）定义属性。

命令：Attdef

命令启动后，出现"属性定义"对话框，输入有关数据，如图 5－34 所示。

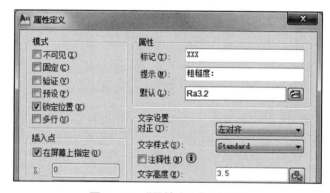

图 5－34　"属性定义"对话框

（3）制作图块。

命令：Block

命令启动后，出现"块定义"对话框，制作"粗糙度"图块，如图 5－35 所示。

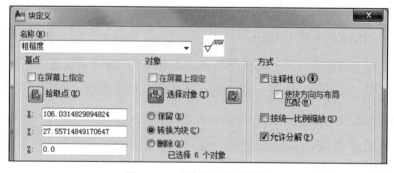

图 5－35　"块定义"对话框

（4）插入图块。

命令：Insert

命令启动后，出现"插入"对话框，选择插入"粗糙度"图块，如图 5-36 所示。

图 5-36　"插入"对话框

重复操作，在其他位置插入"粗糙度"图块，并输入其属性值。

第六章
尺寸、引线和公差标注

学习指南

图形反映物体的形状，只有标注出尺寸才能反映物体的真实大小。标注尺寸必须符合我们国家机械制图标准的规定，其图形尺寸才能规范、美观。AutoCAD应用领域广泛，其默认的尺寸标注设置与我们制图标准不一致，因此，我们必须调整 AutoCAD 的尺寸标注样式，并能正确标注各类尺寸。在这一章里，我们将学习尺寸标注样式的设置，包括尺寸线、尺寸界线、箭头和文字等要素的设置，学会标注线性尺寸、对齐尺寸、基线尺寸和连续尺寸、直径尺寸和半径尺寸、角度尺寸等各类尺寸，并能够合理编辑尺寸。

主要内容

➢ 尺寸标注样式的设置

➢ 线性尺寸的标注

➢ 半径尺寸和直径尺寸的标注

➢ 角度尺寸的标注

➢ 引线标注及其设置

➢ 公差标注

第一节　尺寸标注

知识要点：

★ 尺寸标注样式的基本设置

★ 线性标注和对齐标注

★ 连续标注和基线标注

★ 尺寸标注样式的子样式设置（角度、半径和直径）

★ 半径标注和直径标注

★ 角度标注

一、尺寸标注概述

一个完整的尺寸由尺寸线、尺寸界线、箭头和尺寸文字等要素组成。尺寸标注的类型有线性标注、角度标注、半径标注和直径标注等，如图 6 - 1 所示。

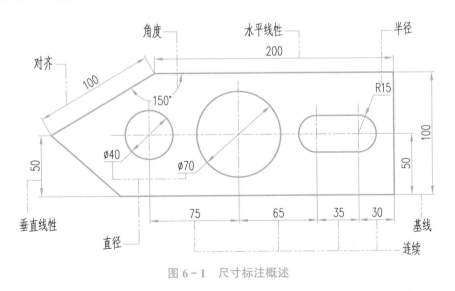

图 6 - 1　尺寸标注概述

二、尺寸标注样式的基本设置

根据机械制图的有关规定，标注样式设置中各要素的设置值可参考图 6 - 2。

标注样式是标注设置的命名集合，可用来控制标注的外观，如箭头样式、文字位置和尺寸公差等。用户可以创建标注样式，以快速指定标注的格式，并确保标注符合行业或工程标准。

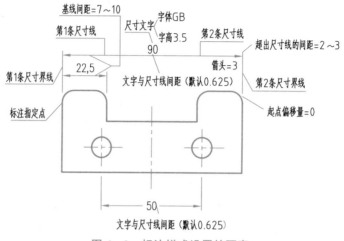

图 6 - 2　标注样式设置的要素

1. 启动

➤ 工具按钮："注释"面板 ➜ 标注样式

➤ 命令：Ddim（或 Dimstyle）

命令启动后，出现"标注样式管理器"对话框，如图 6 - 3 所示。可以新建标注样式，也可以对原来的样式（如：ISO-25）进行修改，比如，可以进行标注样式的设置，以及进行尺寸各要素的具体设定。

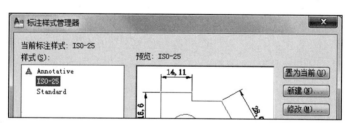

图 6 - 3　"标注样式管理器"对话框

2. "修改标注样式：ISO-25"对话框操作

以修改"ISO-25"标注样式为例，在其默认值的基础上，改变有关尺寸要素的设置值，以符合国家制图标准规定。

（1）尺寸线和尺寸界线的设置，如图 6 - 4 所示。

基线标注时，尺寸线之间基线间距为 7 ～ 10mm；尺寸界线（即延伸线）超出尺寸线为 2 ～ 3mm，起点偏移量设置为 0。

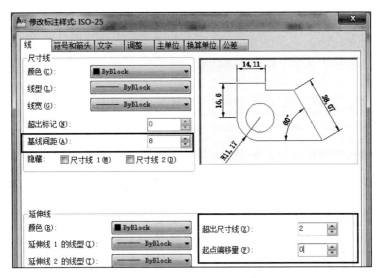

图 6 - 4   尺寸线和尺寸界线的设置

（2）箭头的设置，如图 6 - 5 所示。

箭头大小调整为 3mm。

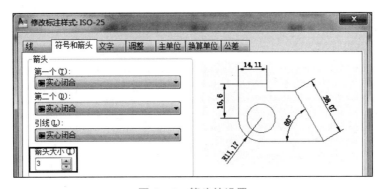

图 6 - 5   箭头的设置

（3）文字的设置，如图 6 - 6 所示。

文字样式" Standard"已在文字样式设置中设定为 gbenor.shx（正体）或 gbeitc.shx（斜体），大字体为 gbcbig.shx；文字高度调整为 3.5mm。

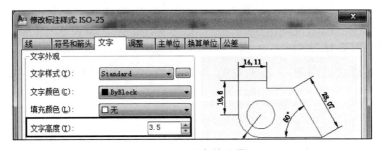

图 6 - 6   文字的设置

三、创建线性标注

1. 线性标注

➢ 工具按钮:"注释"面板 → "标注"下拉菜单 → 线性标注

2. 对齐标注

➢ 工具按钮:"注释"面板 → "标注"下拉菜单 → 对齐标注

使用对齐标注时,尺寸线将平行于两尺寸延伸线原点之间的直线(想象或实际)。

3. 连续标注——创建从先前创建的标注的延伸线开始的标注

➢ 工具按钮:"注释"标签 → "标注"面板 → 连续标注

4. 基线标注——从上一个标注或选定标注的基线处创建标注

➢ 工具按钮:"注释"标签 → "标注"面板 → 基线标注

例1:打开"6a.dwg"文件,设置合适标注样式并标注尺寸,如图6-7所示。

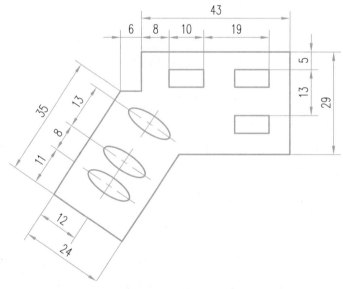

图 6-7

绘图步骤:

(1)新建尺寸标注样式。

启动"标注样式管理器",在原有的"ISO-25"标注样式的基础上,选择"新建"标注样式,名称自定,如"机械制图"。

(2)设置尺寸标注样式。

按照国家制图标准规定,在新的尺寸标注样式中,设置尺寸各要素的值,具体如下：基线标注时，尺寸线之间基线间距为 7 ～ 10mm；尺寸界线（即延伸线）超出尺寸线 2 ～ 3mm，起点偏移量设置为 0；箭头大小调整为 3mm；文字高度调整为 3.5mm。

（3）标注各尺寸。

切换到尺寸标注层"08"层，应用线性标注、对齐标注、连续标注和基线标注等标注方法合理标注各线性尺寸。

四、尺寸标注样式的子样式设置

前面创建的标注样式，一般用于线性标注。如果要进行半径标注、直径标注和角度标注，用户可以创建与当前标注样式不同的指定标注类型的标准子样式。如果需要，还可以临时替代标注样式。这里在前面修改后的"ISO-25"标注样式的基础上创建子样式，并以此为例。

1. 创建半径标注子样式

启动"标注样式管理器"（如图 6 - 8 所示），选择要从中创建子样式的样式，如修改后的"ISO-25"标注样式，单击"新建"。在"创建新标注样式"对话框中，选择用于"半径标注"，单击"继续"，就可以定义半径标注子样式了。

图 6 - 8　创建半径标注子样式

在"创建半径标注子样式"对话框中，设置文字对齐为 ISO 标准，如图 6 - 9 所示。

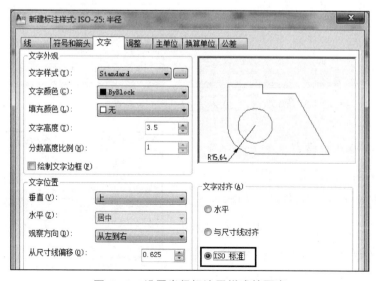

图 6 - 9　设置半径标注子样式的要素

2. 创建直径标注子样式

启动"标注样式管理器"（如图6-10所示），选择要从中创建子样式的样式，如修改后的"ISO-25"标注样式，单击"新建"。在"创建新标注样式"对话框中，选择用于"直径标注"，单击"继续"，就可以定义直径标注子样式了。

在"创建直径标注子样式"对话框中，设置文字对齐为ISO标准，调整选项设置为"文字"移出，"标注时手动放置文字"，如图6-11所示。

图6-10 创建直径标注子样式

图6-11 设置直径标注子样式的要素

3. 创建角度标注子样式

启动"标注样式管理器"（如图6-12所示），选择要从中创建子样式的样式，如修改后的"ISO-25"标注样式，单击"新建"。在"创建新标注样式"对话框中，选择用于"角度标注"，单击"继续"，就可以定义角度标注子样式了。

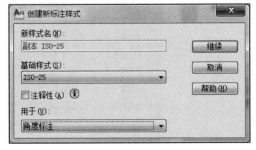

图6-12 创建角度标注子样式

在"创建角度标注子样式"对话框中，设置文字对齐为水平，文字垂直位置方向为居中或外部，如图 6-13 所示。

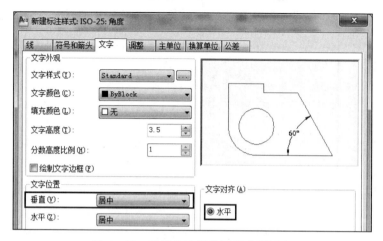

图 6-13 设置角度标注子样式的要素

五、角度标注、半径标注和直径标注

1. 角度标注

➤ 工具按钮："注释"面板 → "标注"下拉菜单 → 角度标注

2. 半径标注

➤ 工具按钮："注释"面板 → "标注"下拉菜单 → 半径标注

3. 直径标注

➤ 工具按钮："注释"面板 → "标注"下拉菜单 → 直径标注

例 2：打开"6b.dwg"文件，设置合适标注样式并标注尺寸，如图 6-14 所示。

绘图步骤：

（1）新建尺寸标注样式，完成标注样式的基本设置。

启动"标注样式管理器"，在原有的"ISO-25"标注样式的基础上，选择"新建"标注样式，名称自定，如"机械制图"。设置尺寸各要素的值，具体如下：

基线标注时，尺寸线之间基线间距为 7 ~ 10mm；尺寸界线（即延伸线）超出尺寸线 2 ~ 3mm，起点偏移量设置为 0；箭头大小调整为 3mm；文字高度调整为 3.5mm。

（2）创建尺寸标注样式的子样式。

启动"标注样式管理器"，选择新建的标注样式，如"机械制图"，按"新建"。再分别创建其半径标注子样式、直径标注子样式和角度标注子样式等。

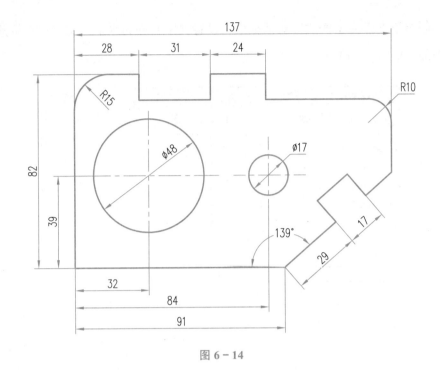

图 6 - 14

半径标注子样式设置为：文字对齐为 ISO 标准；

直径标注子样式设置为：文字对齐为 ISO 标准，调整选项设置为"文字"移出，"标注时手动放置文字"；

角度标注子样式设置为：文字对齐为水平，文字垂直位置方向为居中或外部。

（3）标注各尺寸。

切换到尺寸标注层"08"层，应用线性标注、半径标注、直径标注和角度标注等标注方法合理标注各尺寸。

六、修改标注

1.折断标注

使用折断标注可以使标注、尺寸延伸线或引线在与其他对象交叉处折断或恢复。

➤ 工具按钮："注释"选项卡 → "标注"面板 → 折断。

选择要添加 / 删除折断的标注或 [多个（M）]： //选择标注，或输入 m

选择要折断标注的对象： //选择与标注相交或与选定标注的延伸线相交的对象

2.调整标注间距

可以自动调整图形中现有的平行线性标注和角度标注，以使其间距相等或在尺寸线处相互对齐。也可以通过使用间距值为 0 的方法，使一系列线性标注或角度标注的尺寸线平齐。

➢ 工具按钮："注释"选项卡 → "标注"面板 → 调整间距。

选择基准标注： // 选择平行线性标注或角度标注

选择要产生间距的标注： // 选择平行线性标注或角度标注以从基准标注均匀隔开

输入值或［自动（A）］＜自动＞： // 指定间距

3．修改标注文字

创建标注后，可以修改现有标注文字的位置和方向或者替换为新文字。

（1）调整文字位置。

选中要修改文字位置的标注，右击出现快捷菜单，选中标注文字位置 → 单独移动文字。

（2）旋转文字方向。

➢ 工具按钮："注释"选项卡 → "标注"面板 → 文字角度。

命令启动后，选择标注对象，再指定标注文字的角度。

（3）替换文字内容。

➢ 命令：Textedit（或 Tedit）

启动后，选择注释对象，在"在位文字编辑器"中输入新的标注文字。

1．打开"6c.dwg"文件，设置合适的标注样式并标注尺寸，如图 6 - 15 所示。

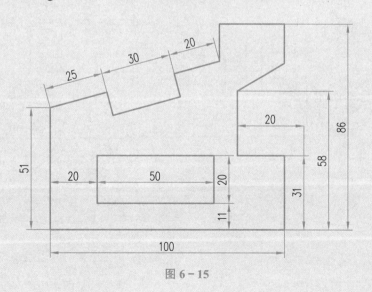

图 6 - 15

2. 打开"6d.dwg"文件，设置合适的标注样式并标注尺寸，如图 6-16 所示。

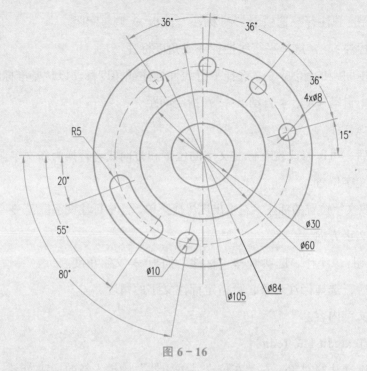

图 6-16

3. 新建 AutoCAD 文件，设置合适的图层，绘制平面图形如图 6-17 和图 6-18 所示，并正确标注尺寸。

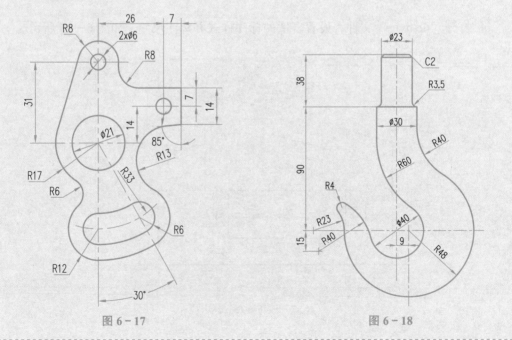

图 6-17   图 6-18

（1）设置图层（见表6-1）。

表6-1 设置图层

层名	颜色	线型	线宽
粗实线	黑色	Continuous	0.5
中心线	红色	Center	0.25
尺寸标注	蓝色	Continuous	0.25

（2）设置线型比例：设置全局比例因子为0.25左右。

第二节　引线和公差标注

知识要点：

★ 引线标注及其设置

★ 公差标注

一、引线标注

引线对象是一条直线或样条曲线，其中一端带有箭头，另一端带有多行文字对象或块。在某些情况下，有一条短水平线（又称为基线）将文字或块和特征控制框连接到引线上。基线和引线与多行文字对象或块关联，因此当重定位基线时，内容和引线将随其移动。如图5-30所示。

AutoCAD默认多重引线样式Standard，是带有实心闭合箭头和多行文字内容的直线引线。用户也可以创建自己的多重引线样式。

1. 引线样式设置

➤ 工具按钮："注释"面板 → 多重引线样式

命令启动后，出现"多重引线样式管理器"对话框，如图6-19所示。

单击"新建"，在"创建新的多重引线样式"对话框中，指定新多重引线样式的名称，进入"修改多重引线样式"对话框，进行引线样式的具体设置。

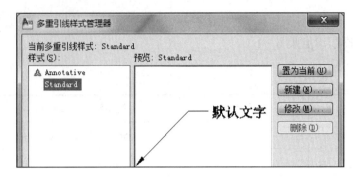

图 6 – 19 "多重引线样式管理器" 对话框

（1）在"修改多重引线样式"对话框的"引线格式"选项卡上，指定多重引线箭头的符号和尺寸，如图 6 - 20 所示。

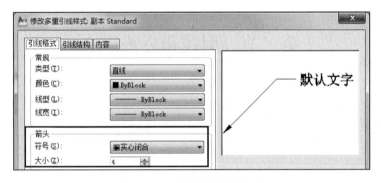

图 6 – 20 设置"引线格式"

（2）在"修改多重引线样式"对话框的"引线结构"选项卡上，指定最大引线点数，是否包含基线及基线距离，如图 6 - 21 所示。

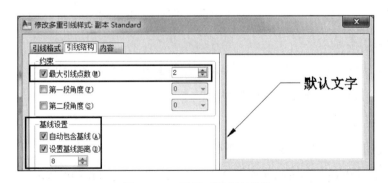

图 6 – 21 设置"引线结构"

（3）在"修改多重引线样式"对话框的"内容"选项卡上，为多重引线指定文字或块。如果多重引线对象包含文字内容，指定引线连接位置。如图 6 – 22 所示。

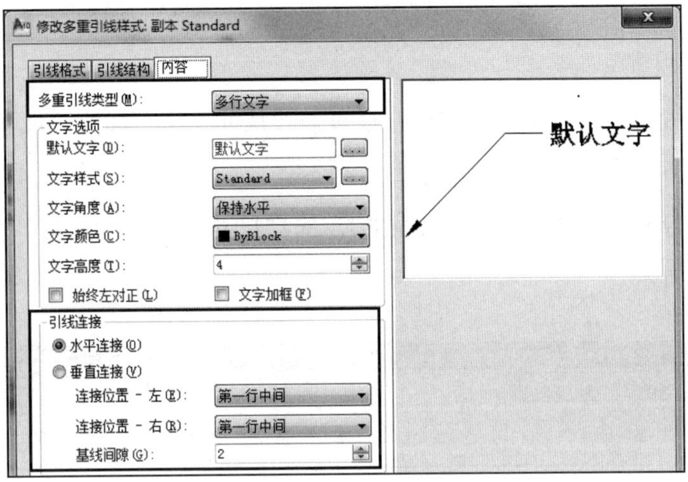

图 6 – 22 设置"内容"

下面以常用的引线样式为例（如图 6 – 23 所示），说明多重引线样式的设置。

（1）箭头引线：引线格式：箭头为"实心闭合"，大小为 3；引线结构：最大引线点数为"2"，包含基线；内容：引线类型为"无"。

图 6 – 23 引线样例

（2）圆点引线：引线格式：箭头为"小圆点"，大小为 5；引线结构：最大引线点数为"2"，包含基线；内容：引线类型为"无"。

（3）基准引线：引线格式：箭头为"实心三角形"，大小为 3；引线结构：最大引线点数为"2"，不包含基线；内容：引线类型为"无"。

（4）带文字引线：引线格式：箭头为"无"；引线结构：最大引线点数为"2"，不包含基线；内容：引线类型为"多行文字"；引线连接为"水平连接"，连接位置为"第一行文字加下划线"。

2. 引线标注

➤ 工具按钮："注释"面板 → 多重引线标注

命令启动后，出现如下提示：

指定引线箭头的位置或［引线基线优先（L）/ 内容优先（C）/ 选项（O）]＜选项＞：

指定引线基线的位置：

操作方法：指定引线的起点和端点，最后输入文字内容。

二、公差标注

1. 尺寸公差

尺寸公差一般是在尺寸标注完成后，通过修改尺寸文字，加注"尺寸偏差"。

具体操作如下：

启动修改文字命令 Ddedit（或简写 ED），选择尺寸数值，则出现"文字格式"对话框，如图 6-24 所示。

图 6-24 "文字格式"对话框

如将 $\varnothing28$ 注上极限偏差为 $\varnothing28^{-0.020}_{-0.041}$：

在对话框中输入 $\varnothing28-0.020^\wedge-0.041$，然后选中 $-0.021^\wedge-0.041$，点击鼠标右键，在出现的快捷菜单中选择"堆叠"，如图 6-25 所示。

如将 $\varnothing20$ 注上极限偏差为 $\varnothing20^{0}_{-0.052}$：

在对话框输入 $\varnothing20\_0^\wedge-0.052$（注：0 前面为空格），然后选中 $\_0^\wedge-0.052$，点击鼠标右键，在出现的快捷菜单中选择"堆叠"，如图 6-26 所示。在偏差 0 前面加空格是为了堆叠后偏差数据对齐。

图 6-25 快捷菜单

图 6-26 快捷菜单

2.几何公差

几何公差表示特征的形状、方向、位置和跳动的允许范围。可以通过特征控制框来添加几何公差，这些框中包含单个标注的所有公差信息。

特征控制框至少由两个组件组成。第一个特征控制框包含一个几何特征符号，表示应用公差的几何特征。在图例中，特征就是位置。其他含义如图 6-27 所示。

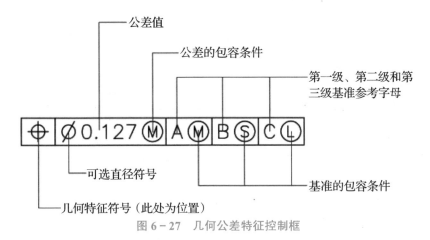

图 6-27　几何公差特征控制框

➤ 工具按钮："注释"标签 → "标注"面板 → 形位公差。

命令启动后，出现"形位公差"对话框，如图 6-28 所示。

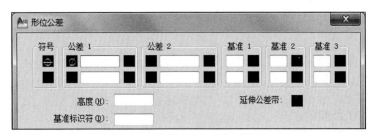

图 6-28　"形位公差"对话框

（1）在"形位公差"对话框中，单击"符号"下的第一个矩形，然后选择一个插入符号。

（2）在"公差 1"下，单击第一个黑框，插入直径符号。

（3）在文字框中，输入第一个公差值。

（4）要添加包容条件（可选），单击第二个黑框，然后单击"包容条件"对话框中的符号以进行插入。

（5）在"形位公差"对话框中，加入第二个公差值（可选并且与加入第一个公差值方式相同）。

（6）在"基准1""基准2"和"基准3"下输入基准参考字母。

（7）单击黑框，为每个基准参考插入包容条件符号。

（8）在"基准标识符"框中，添加一个基准值。

例：打开 6e.dwg 文件，补充引线标注和公差标注，制作粗糙度图块并插入合适的位置，结果如图 6-29 所示。

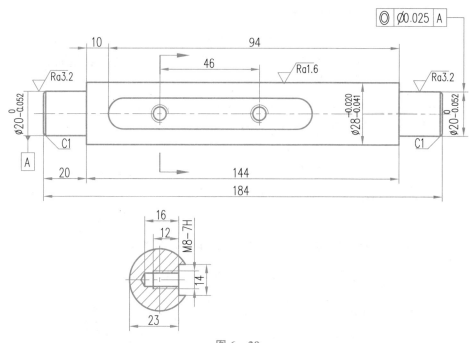

图 6-29

绘图步骤：

（1）标注尺寸公差。

启动修改文字命令 Ddedit（或简写 ED），选择要加注"尺寸偏差"的尺寸数值 ∅20，在对话框中输入 ∅20_0^-0.052（注：0 前面为空格），然后选中 _0^-0.052，点击鼠标右键，在出现的快捷菜单中选择"堆叠"，如图 6-26 所示。

再次启动修改文字命令 Ddedit（或简写 ED），选择要加注"尺寸偏差"的尺寸数值 ∅28，在对话框中输入 ∅28-0.020^-0.041，然后选中 -0.021^-0.041，点击鼠标右键，在出现的快捷菜单中选择"堆叠"，如图 6-25 所示。

（2）设置引线标注样式"基准引线"和"倒角引线"。

选择"注释"面板 → "多重引线样式"工具按钮；在出现的对话框中，选择"新建"，输入名称"基准引线"，按"继续"。在"修改多重引线样式"对话框设置如下：

引线格式：箭头为"实心三角形"，大小为3；引线结构：最大引线点数为"2"，不包含基线；内容：引线类型为"无"。如图6-30所示。

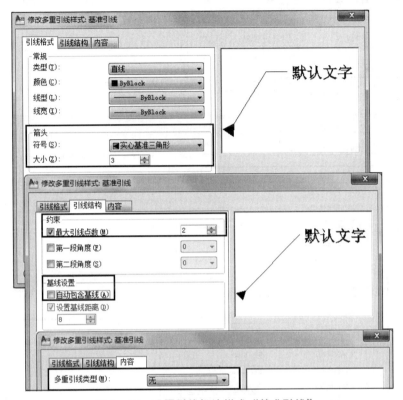

图6-30 设置引线标注样式"基准引线"

再次启动"多重引线样式"，选择"新建"；输入名称"倒角引线"，按"继续"。在"修改多重引线样式"对话框设置如下：引线格式：箭头为"无"；引线结构：最大引线点数为"2"，不包含基线；内容：引线类型为"多行文字"；引线连接为"水平连接"，连接位置为"第一行文字加下划线"。如图6-31所示。

（3）引线标注。

选择引线标注样式"倒角引线"，启动"注释"面板→"多重引线标注"按钮，指定引线的起点和端点，输入文字"C1"。

选择引线标注样式"基准引线"，启动"注释"面板→"多重引线标注"按钮，指定引线的起点和端点。

启动"注释"标签→"标注"面板→"形位公差"按钮，出现"形位公差"对话框如图6-32所示，在"基准标识符"框中，添加一个基准值A，单击"确定"，并在图形中，指定特征控制框的位置。

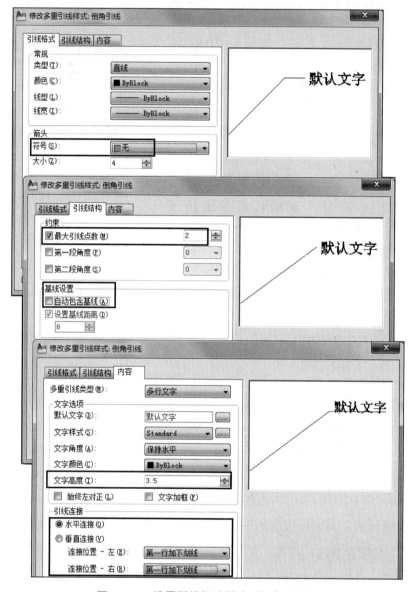

图 6 – 31 设置引线标注样式"倒角引线"

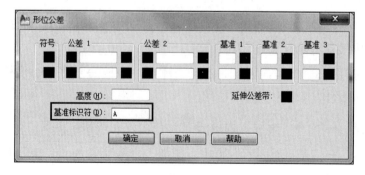

图 6 – 32 "基准标识符"设置

（4）位置公差标注。

启动"注释"标签 → "标注"面板 → "形位公差"按钮，对话框如图 6－33 所示。在"符号"框中输入符号"◎"；在"公差 1"下，单击第一个黑框，插入直径符号 Ø，在文字框中，输入第一个公差值 0.025；在"基准 1"下，输入基准值 A。

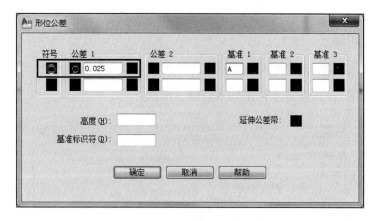

图 6－33　位置公差标注

（5）制作"粗糙度"图块。

切换到 0 层，绘制图形如图 6－34 所示，并定义其图块属性，启动"图块"面板 → "定义属性"按钮，如图 6－35 所示。

启动"图块"面板 → "创建"按钮，在出现的"块定义"对话框中，如图 6－36 所示，输入图块名称"粗糙度"，并拾取基点和选择图块对象。

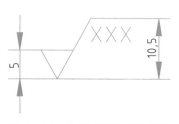

图 6－34　绘制"粗糙度"图形

图 6－35　定义"粗糙度"属性

图 6-36　制作"粗糙度"图块

（6）插入"粗糙度"图块。

启动"图块"面板 → "插入"按钮，在出现的"插入"对话框中（如图 6-37 所示）选择块名"粗糙度"，在屏幕上指定插入点插入图块。

图 6-37　插入"粗糙度"图块

课后习题

绘制如图 6-38 所示的齿轮零件图，并合理标注尺寸。

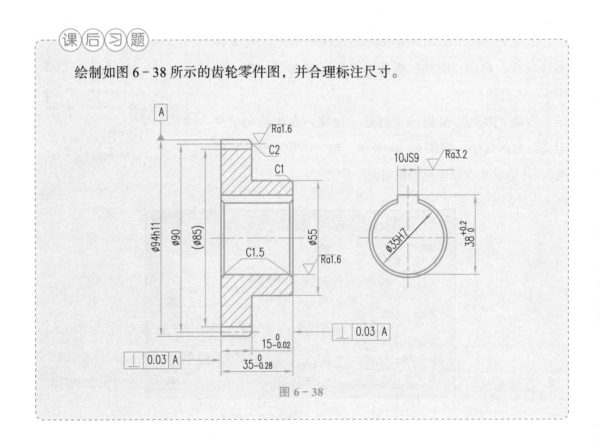

图 6-38

第七章
绘制三视图和剖视图

　　AutoCAD 毕竟是绘图工具，最终要为绘图内容服务。这一章我们将学习如何利用 AutoCAD 绘制三视图和剖视图。根据提供的立体图，按照三视图的投影规律，绘制出正确的三视图。绘制时，我们要充分利用 AutoCAD 的对象追踪功能实现视图间"长对正、高平齐"关系，或者用构造线进行辅助对齐。接着，提供三视图的素材文件，要求改画成剖视图，并正确、合理、清晰地标注尺寸。这就要用到 AutoCAD 的样条曲线和图案填充等命令，并能够合理设置标注样式，正确标注尺寸，学以致用。只要我们用心学习，勇于探究，就能够使用 AutoCAD 随心所欲地绘制出我们想要的专业图形。

主要内容

➢ 绘制三视图

➢ 改画剖视图

第一节　绘制三视图

任务要求：

建立图层，设置线型、颜色、线宽，如表 7 - 1 所示。

表 7 - 1　设置图层

层名	线型	颜色	线宽
粗实线	实线（Continuous）	黑 / 白	粗
虚线	虚线（Dashed）	黑 / 白	细
中心线	点画线（Center）	红色	细

根据图线特性分层绘制，参照轴测图及尺寸要求，绘制三视图（不标注尺寸）。

例：参照如图 7 - 1 所示的轴测图及尺寸，绘制其三视图（不标尺寸）。

绘图步骤：利用形体分析法，逐步绘制各形体的三视图。

（1）打开"图层特性管理器"，按照要求建立图层，如图 7 - 2 所示。

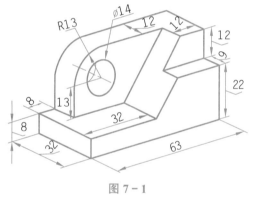

图 7 - 1

图 7 - 2　"图层特性管理器"对话框

（2）选"粗实线"层，绘制基本体三视图。

（3）选"中心线"层，利用"偏移"命令确定圆的中心位置。结果如图 7 - 3 所示。

（4）选"粗实线"层，绘制圆及相关线段。

（5）选"虚线"层和"中心线"层，分别绘制孔的不可见轮廓线和中心线。结果如图 7 - 4 所示。

（6）选"粗实线"层，绘制"缺口"的三视图。结果如图 7 - 5 所示。

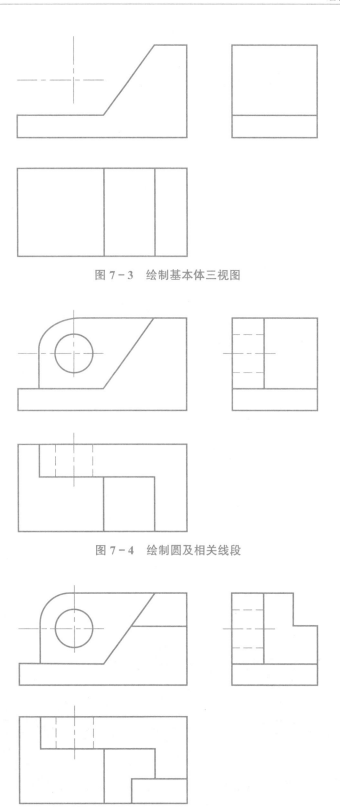

图 7 - 3　绘制基本体三视图

图 7 - 4　绘制圆及相关线段

图 7 - 5　绘制 "缺口" 的三视图

课后习题

1.参照图7-6所示的轴测图及尺寸，绘制其三视图（不标尺寸）。

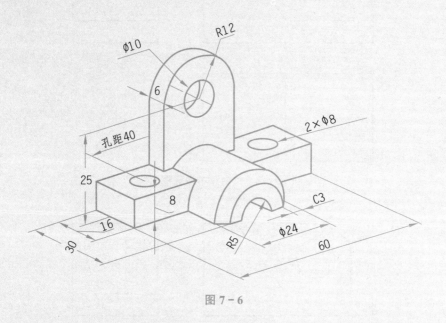

图7-6

2.参照图7-7所示的轴测图及尺寸，绘制其三视图（不标尺寸）。

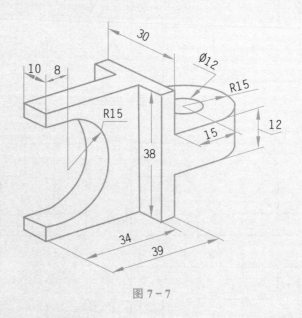

图7-7

参考答案：课后练习题1如图7-8所示，课后练习题2如图7-9所示。

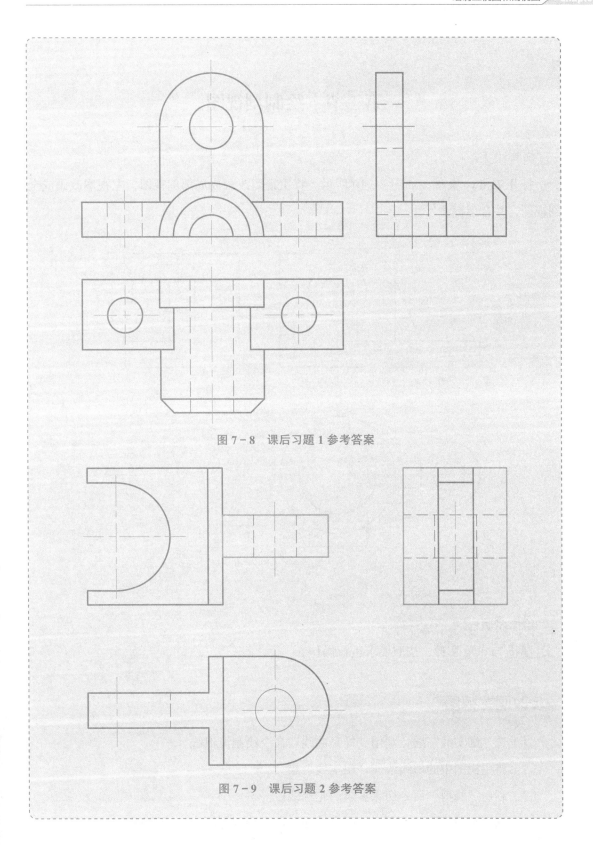

图 7-8　课后习题 1 参考答案

图 7-9　课后习题 2 参考答案

第二节 绘制剖视图

任务要求：

打开 7a.dwg 文件，如图 7－10 所示。将主视图改画成局部剖视图，左视图改画成全剖视图，并合理标注尺寸。

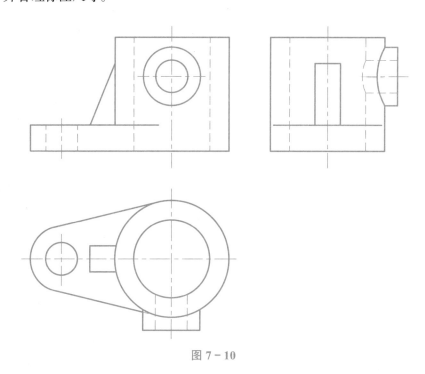

图 7－10

绘图步骤：

打开 7a.dwg 文件，按照要求进行操作。

一、改画主视图

（1）选"细实线"层，利用"样条曲线"命令绘制波浪线。

（2）将主视图中的虚线改成"粗实线"层。

（3）利用"修剪"命令切除多余的轮廓线段。

（4）选"剖面线"层，利用"图案填充"命令绘制剖面线。结果如图 7－11 所示。

二、改画左视图

（1）将左视图中虚线改成"粗实线"层。

（2）删除多余的轮廓线。

（3）选"剖面线"层，利用"图案填充"命令绘制剖面线。结果如图 7-12 所示。

图 7-11　改画主视图

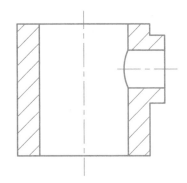

图 7-12　改画左视图

三、修改俯视图

（1）将俯视图中没必要的虚线删除。

（2）选"文字"层，利用多段线绘制剖切符号，并相应地注上字母标记。

四、标注尺寸

（1）设置文字样式 Standard：字体为 gbenor.shx 或 gbeitc.shx，大字体为 gbcbig.shx。

（2）新建尺寸标注样式，名称为"机械标注"。设置其基础样式：尺寸线的基线间距设为≥7；尺寸界线超出尺寸线设为2，起点偏移量设为0；箭头大小为3；文字高度为3.5。并设置其子样式如下：

1）半径标注子样式设置：文字对齐为 ISO 标准。

2）直径标注子样式设置：文字对齐为 ISO 标准，调整选项设置为"文字"移出，"标注时手动放置文字"。

3）角度标注子样式设置：文字对齐为水平，文字垂直位置方向为居中或外部。

（3）选"尺寸标注"层，正确合理地标注尺寸。结果如图 7-13 所示。

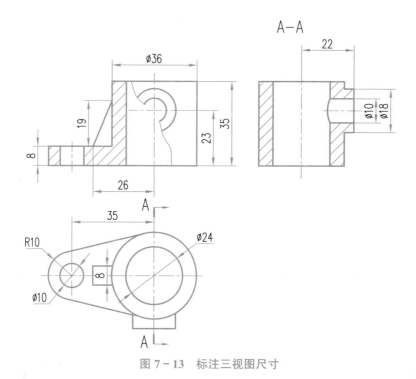

图 7 - 13　标注三视图尺寸

课后习题

1. 打开 7b.dwg 文件，如图 7 - 14 所示。将主视图改画成全剖视图，并合理标注尺寸。

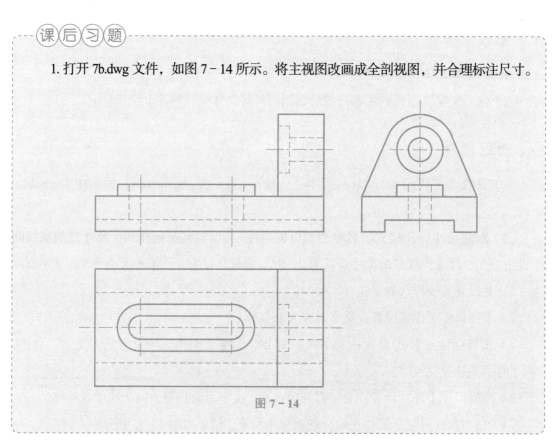

图 7 - 14

2. 打开 7c.dwg 文件，如图 7 - 15 所示。将主视图和左视图分别改画成半剖视图，并合理标注尺寸。

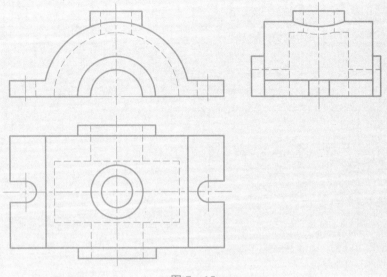

图 7 - 15

参考答案：课后习题 1 如图 7 - 16 所示，课后习题 2 如图 7 - 17 所示。

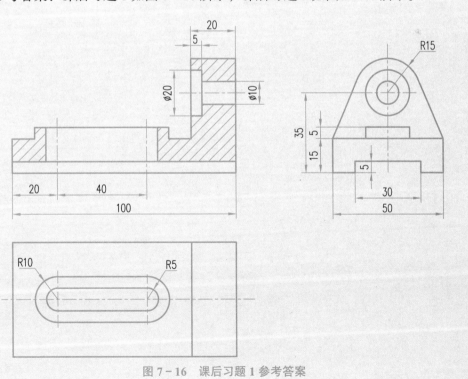

图 7 - 16   课后习题 1 参考答案

AutoCAD 绘图基础

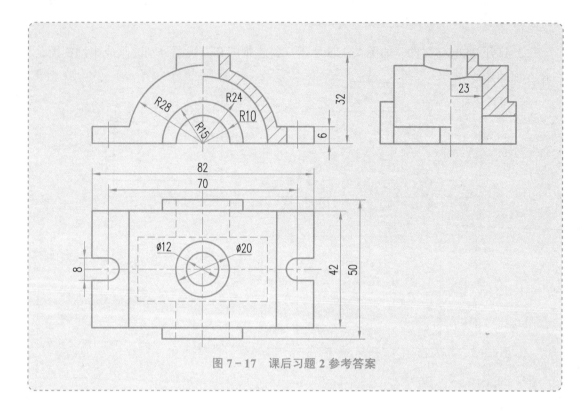

图 7-17　课后习题 2 参考答案

148

第八章
绘制零件图

学习指南

　　使用 AutoCAD 必须设置自己的绘图环境，如果每次绘图都设置 AutoCAD 初始绘图环境，未免有些麻烦，所以这一章我们将学习如何制作和使用样板文件，也就是把我们常用的设置，如图层设置、尺寸标注样式设置等，事先设置好并保存到样板文件中，当我们要使用时，只要打开样板文件就可以了，不用重复设置。接着我们学习打印输出，主要学习在模型空间中的打印输出。最后，我们使用设置好的样板文件绘制机械零件图，这是一项综合性练习，考核我们 AutoCAD 的实际应用能力。

主要内容

➢ 制作样板文件

➢ 打印输出

➢ 绘制零件图

第一节　样板文件和打印输出

知识要点：

★ 制作和使用样板文件

★ 输出样板文件

一、制作和使用样板文件

每一个专业都有自己的专业共性，这些共性包括图层、字体、标注样式、线型、线条粗细、图框、图标规格、打印样式等。如果每张图都去设定会花费大量的时间，用模板是效率最高的。

1. 设置图层

打开"图层特性管理器"，新建图层并设置颜色、线型和线宽，如表8-1所示。

表8-1　设置图层

层名	线型	颜色	线宽
粗实线	实线（Continuous）	黑/白	0.5
细实线	实线（Continuous）	绿色	0.25
中心线	点画线（Center）	红色	0.25
双点画线	点画线（Divide）	粉红色	0.25
虚线	虚线（Dashed）	黄色	0.25
剖面线	实线（Continuous）	绿色	0.25
尺寸标注	实线（Continuous）	蓝色	0.25
文字	实线（Continuous）	蓝色	0.25

设置线型比例（LTScale）为 0.25～0.35 左右。

2. 文字样式设置

设置文字样式 Standard：字体为 gbenor.shx 或 gbeitc.shx，大字体为 gbcbig.shx。

3. 新建尺寸标注样式

名称为"机械标注"。设置其基础样式：尺寸线的基线间距设为≥7；尺寸界线超出尺寸线设为2，起点偏移量设为0；箭头大小为3；文字高度为3.5等。并设置其子样式如下：

（1）半径标注子样式设置：文字对齐为 ISO 标准。

（2）直径标注子样式设置：文字对齐为 ISO 标准，调整选项设置为"文字"移出，

"标注时手动放置文字"。

（3）角度标注子样式设置：文字对齐为水平，文字垂直位置方向为居中。

4.引线标注设置

引线标注格式有4种，如图8-1所示。

（1）箭头引线：引线格式：箭头为"实心闭合"，大小为3；引线结构：最大引线点数为"2"，包含基线；内容：引线类型为"无"。

（2）圆点引线：引线格式：箭头为"小圆点"，大小为5；引线结构：最大引线点数为"2"，包含基线；内容：引线类型为"无"。

（3）基准引线：引线格式：箭头为"实心三角形"，大小为3；引线结构：最大引线点数为"2"，不包含基线；内容：引线类型为"无"。

（4）带文字引线：引线格式：箭头为"无"；引线结构：最大引线点数为"2"，不包含基线；内容：引线类型为"多行文字"；引线连接为"水平连接"，连接位置为"第一行文字加下划线"。

5.图块制作

制作带有属性的"粗糙度"图块，如图8-2所示。

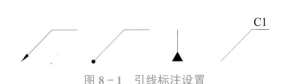

图8-1　引线标注设置

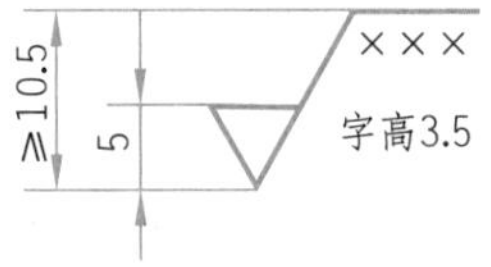

图8-2　制作"粗糙度"图块

6.绘制图框和标题栏

以A3图幅为例，在0层上绘制图框和标题栏，如图8-3所示，标题栏文字高度为7（注：不标注尺寸）。

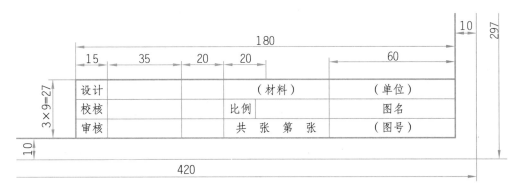

图8-3　绘制图框和标题栏

7. 保存文件

将文件以扩展名 .dwt 保存。点击"应用程序"按钮，选择"另存 → 其他格式"，在出现的对话框中"文件类型"选择".dwt"，输入文件名 A3，如图 8－4 所示。

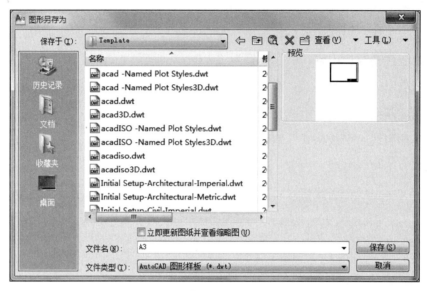

图 8－4 "另存为".dwt 文件对话框

8. 使用样板文件

单击应用程序按钮，选择"新建"，在出现的"选择样板"对话框中选择 A3 样板，如图 8－5 所示。

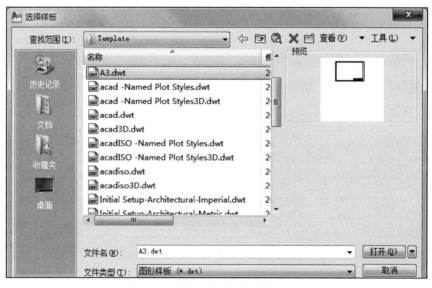

图 8－5 "新建"并选择样板文件

二、打印输出

绘制图形后，可以使用多种方法输出，即可以将图形打印在图纸上，也可以创建成文件以供其他应用程序使用。用户可以以多种格式（包括 DWF、DXF、PDF 和 Windows 图元文件［WMF］）输出或打印图形，还可以使用专门设计的绘图仪驱动程序，以图像格式输出图形。其中 DWF 文件是较为常用的一种文件交流方式，每个 DWF 文件可包含一张或多张图纸，它是一种二维矢量文件，使用这种格式可以方便地在 Web 或 Internet 网络上发布图形。另外，PDF 格式文件是便携文档格式文件，基于矢量的格式生成，以保持其精确性。可以在 Adobe Reader 中查看和打印，便于 PDF 文件与任何人共享图形。

启动打印命令：单击"应用程序"按钮，选择"打印"，出现"打印"对话框，如图 8-6 所示，这里以电子打印 PDF 文件为例。

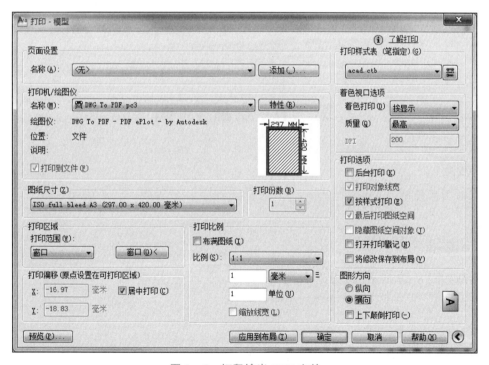

图 8-6 打印输出 PDF 文件

➤ 命令说明

（1）选择打印机 / 绘图仪，列表框将列出已安装驱动的物理打印机 / 绘图仪，若需电子打印可选择 DWF To PDF.pc3，选择完后注意观察名称框下的相应说明。

（2）选择打印样式表，打印样式表控制对象的打印特性，若需黑白打印可选择 monochrome.ctb，彩色打印可选择 acad.ctb。

（3）选择图纸尺寸，列表框将显示所选打印设备可用的标准图纸尺寸，若需自定义图纸尺寸，可单击打印机 / 绘图仪名称后的特性按钮进行设置。

（4）选择图形方向，图纸图标代表所选图纸的介质方向，字母图标代表图形在图纸上的方向。

（5）选择打印区域，指定要打印的图形部分，有以下选项：

界限——将打印 Limits 命令所定义的绘图界限区域；

范围——当前空间内的所有几何图形都将被打印；

显示——打印屏幕所显示的所有几何图形；

窗口——打印指定的图形的任何部分。

（6）设置打印偏移，打印偏移是指打印区域相对于可打印区域左下角或图纸边界的偏移，一般设置为居中打印。

最后，在"浏览打印文件"对话框中，选择一个位置并输入 PDF 文件的文件名。

第二节　绘制零件图

知识要点：

★ 零件图的绘制

一、绘制轴类零件图

绘制如图 8 - 7 所示的轴类零件图。

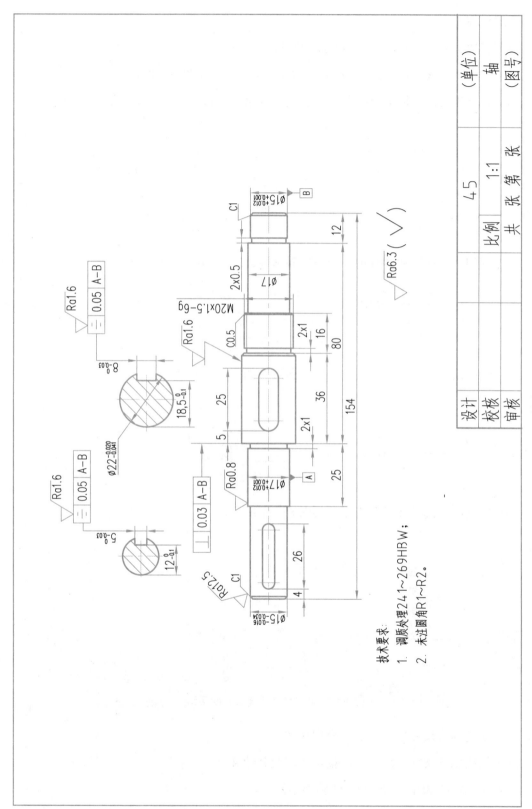

技术要求:
1. 调质处理241~269HBW;
2. 未注圆角R1~R2。

图 8 - 7 轴类零件图

		45			(单位)
设计		比例	1:1		轴
校核		共	张 第	张	(图号)
审核					

155

绘图步骤：

（1）新建 AutoCAD 文件，选择 A3 样板。

（2）在"中心线"层上绘制一条约 160mm 的直线，如图 8-8 所示。

（3）在"粗实线"层上对最左端的直线，利用"偏移"命令画出各轴段位置。

图 8-8　绘制中心线和各轴段位置

（4）利用"偏移"和"修剪"命令绘制出各轴段，如图 8-9 所示。

图 8-9　绘制各个轴段

（5）绘制倒角、退刀槽，再"镜像"图形。如图 8-10 所示。

图 8-10　绘制倒角和退刀槽

（6）绘制两个键槽及其断面图，如图 8-11 所示。

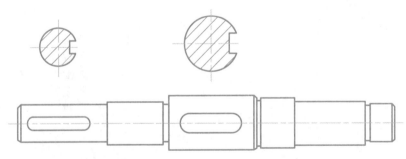

图 8-11　绘制两个键槽及其断面图

（7）切换到"尺寸标注"层，合理标注尺寸。

（8）切换到"文字"层，标注技术要求及其他文字。

练习 1：绘制如图 8-12 所示的轴类零件图。

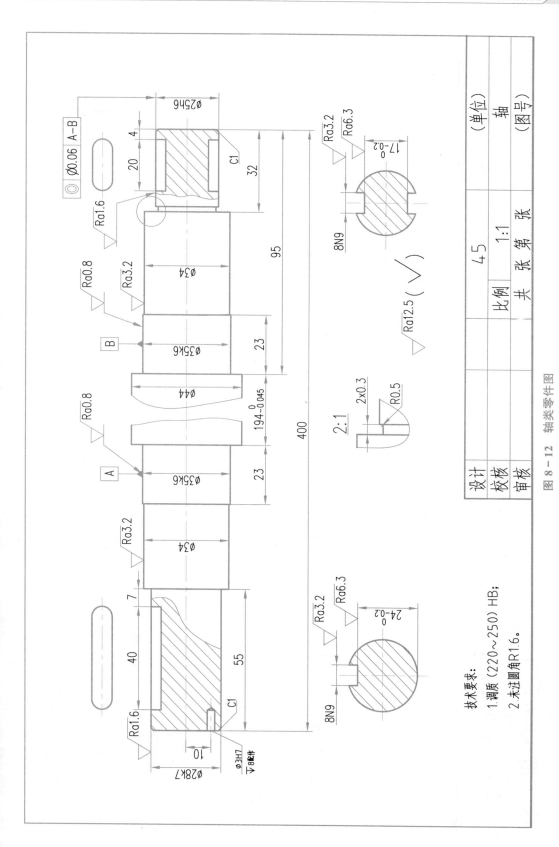

图 8 - 12 轴类零件图

二、绘制盘盖类零件图

绘制如图 8 – 13 所示的盘盖类零件图。

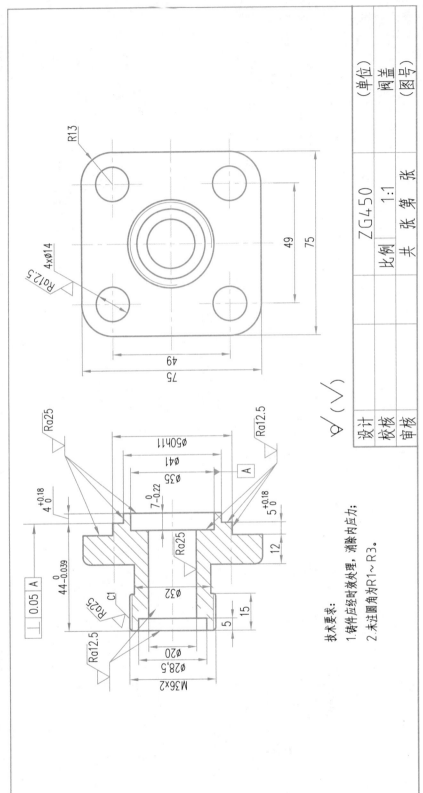

技术要求:
1. 铸件应经时效处理,消除内应力;
2. 未注圆角为R1~R3。

图 8 – 13 盘盖类零件图

绘图步骤：

（1）新建 AutoCAD 文件，选择 A3 样板。

（2）分层绘制"左视图"，如图 8-14 所示。

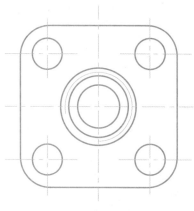

图 8-14 绘制"左视图"

（3）在绘制"主视图"之前，先利用"构造线"命令绘制与"左视图"高度平齐的辅助线。

（4）分别绘制阀盖的外形和内孔。结果如图 8-15 所示。

（5）绘制"镜像"外形轮廓线和内孔轮廓线，删除辅助线，绘制倒角和圆角，并绘制剖面线。如图 8-16 所示。

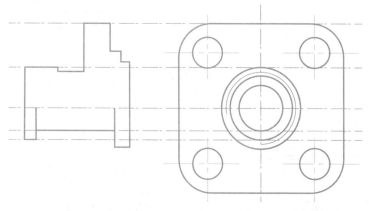

图 8-15 绘制主视图轮廓

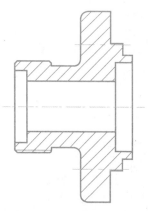

图 8-16 完成主视图

（6）切换到"尺寸标注"层，合理标注尺寸。

（7）切换到"文字"层，标注技术要求及其他文字。

练习 2：绘制如图 8-17 所示的法兰盘零件图。

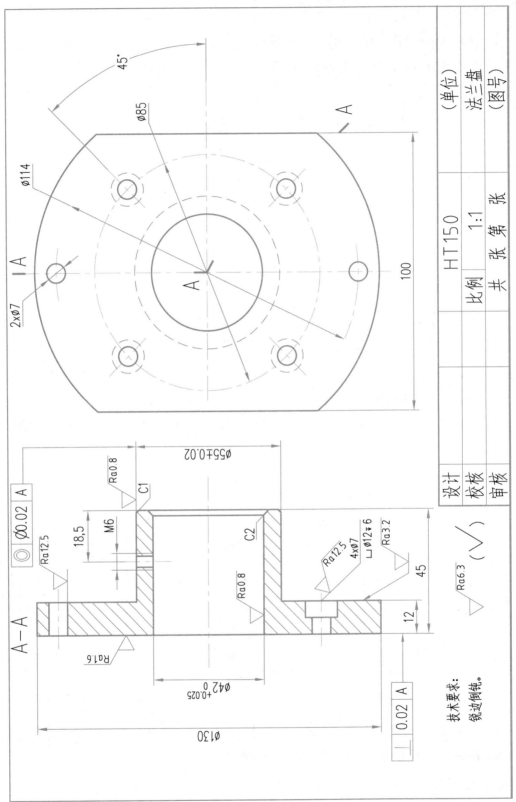

图 8 – 17　法兰盘零件图

三、绘制叉架类零件图

绘制如图 8－18 所示的叉架类零件图。

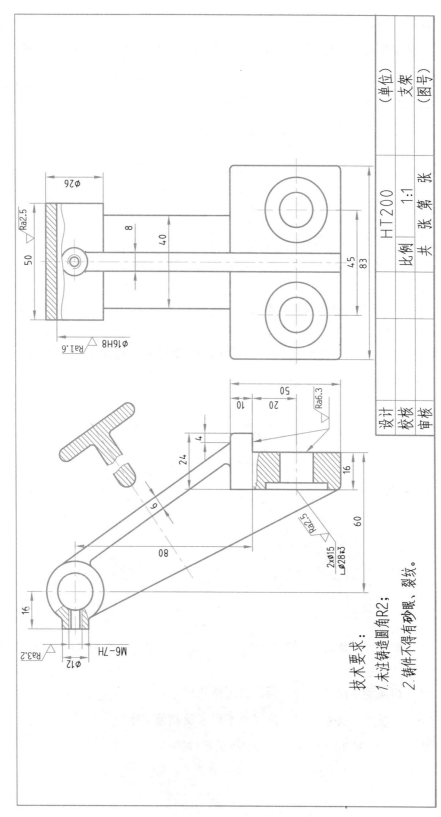

技术要求：

1. 未注注铸造圆角R2；
2. 铸件不得有砂眼、裂纹。

图 8－18   叉架类零件图

绘图步骤：

叉架类零件一般由安装部分、工作部分和它们之间的联系部分组成，可按照形体分析法分别绘制。

（1）绘制支架的安装部分，如图 8-19 所示。

（2）绘制支架的工作部分，如图 8-20 所示。

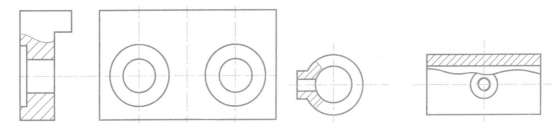

图 8-19 绘制支架的安装部分   图 8-20 绘制支架的工作部分

（3）绘制支架的联系部分，并绘制图中未注圆角，如图 8-21 所示。

（4）绘制断面图，如图 8-22 所示。

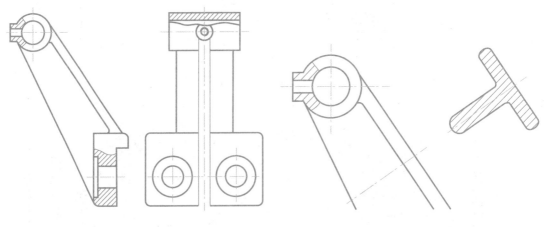

图 8-21 绘制支架的联系部分   图 8-22 绘制断面图

（5）切换到"尺寸标注"层，合理标注尺寸。

（6）切换到"文字"层，标注技术要求及其他文字。

练习 3：绘制如图 8-23 所示的拨叉零件图。

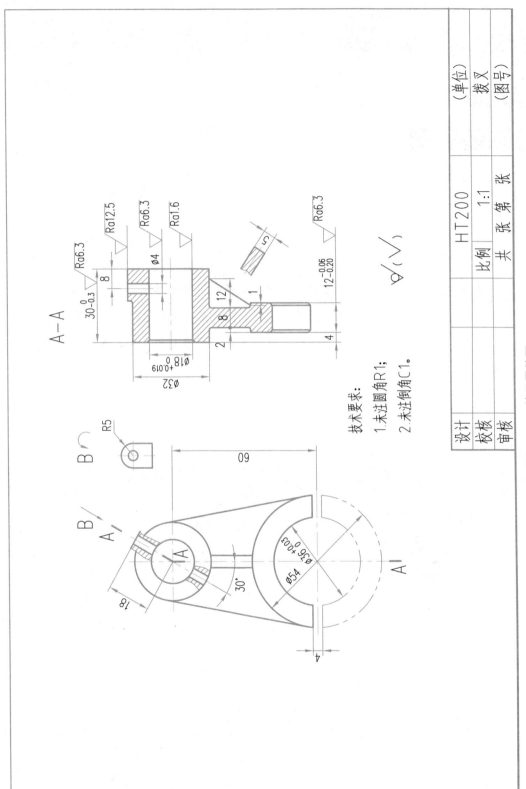

图 8 - 23　拨叉零件图

第九章
绘制装配图

学习指南

　　掌握装配图的画图和看图方法，是学习机械制图的主要任务之一，而用计算机画装配图与画零件图有着很大的不同，因此，有必要进行绘制装配图的训练。

　　本教材提供了 3 套装配图的实训内容，根据不同专业和实训时间的长短进行选择。

主要内容

➢ 绘制千斤顶装配图

➢ 绘制钻模装配图

➢ 绘制虎钳装配图

第一节　绘制千斤顶装配图

一、实训目的

通过绘制千斤顶装配图，掌握装配图的绘制方法，熟悉 AutoCAD 的绘图方法及技巧。练习图形文件之间的调用和插入的方法。

二、实训步骤及要求

（1）绘制螺旋千斤顶装配图中各零件图（见图 9 - 1 ～图 9 - 6）并进行编号，存盘。

（2）按照绘制装配图的顺序逐一装配（利用绘制好的零件图逐个插入，注意各图之间的比例关系）。

（3）对装配图中插入的各零件图进行修改（判别可见性、剖面符号的正确处理等）。

（4）标注必要的尺寸。

（5）编写零件序号，注写技术要求。

（6）填写标题栏与明细栏。

（7）注意掌握图样之间的调用和插入方法。

（8）绘制完成后赋名存盘，退出 AutoCAD。

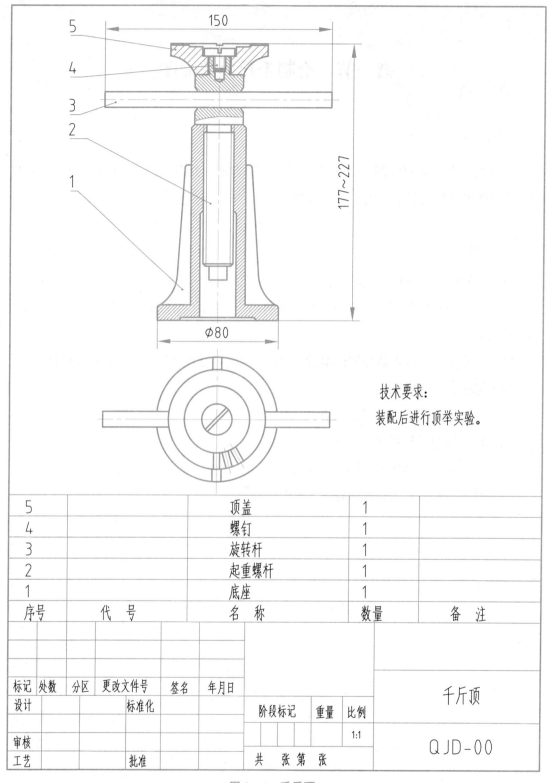

技术要求:

装配后进行顶举实验。

5		顶盖	1	
4		螺钉	1	
3		旋转杆	1	
2		起重螺杆	1	
1		底座	1	
序号	代 号	名 称	数量	备 注

标记	处数	分区	更改文件号	签名	年月日				千斤顶
设计			标准化						
						阶段标记	重量	比例	
审核								1:1	QJD-00
工艺			批准			共 张 第 张			

图 9-1 千斤顶

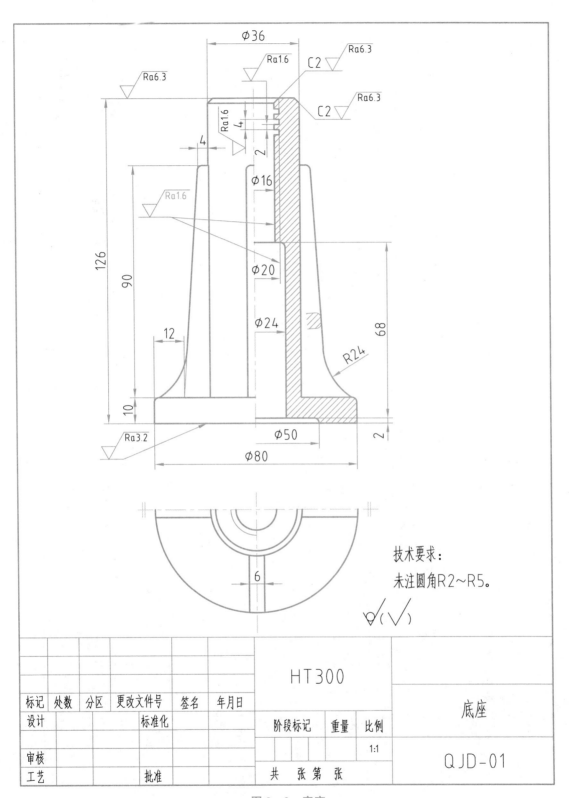

技术要求：

未注圆角R2~R5。

HT300

底座

QJD-01

标记	处数	分区	更改文件号	签名	年月日			
设计			标准化					
						阶段标记	重量	比例
审核								1:1
工艺			批准			共　张第　张		

图 9-2　底座

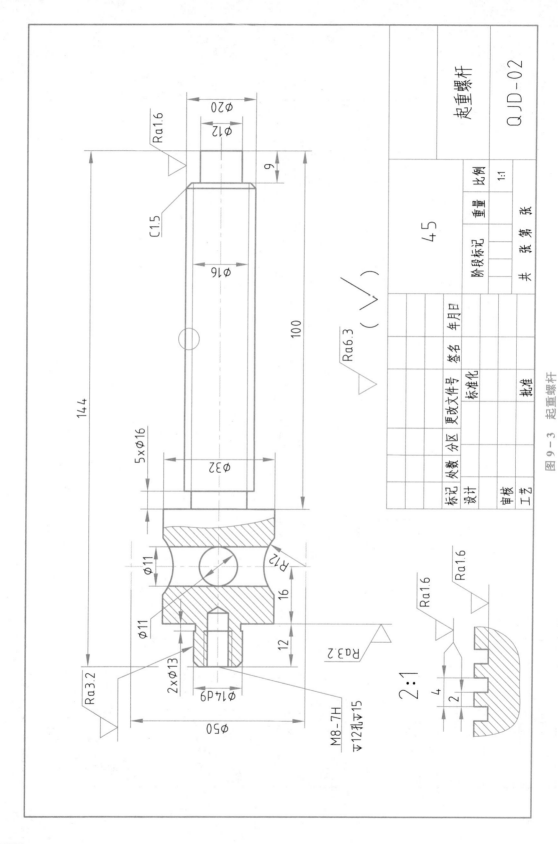

图 9 - 3 起重螺杆

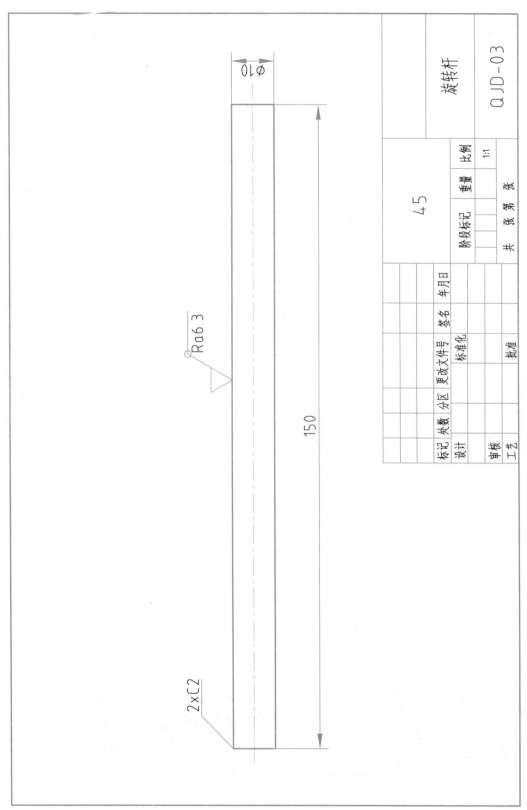

图 9 − 4　旋转杆

旋转杆
QJD−03

						45	阶段标记	重量	比例
									1:1
							共　张	第　张	

标记	处数	分区	更改文件号	签名	年月日				
设计			标准化						
审核									
工艺			批准						

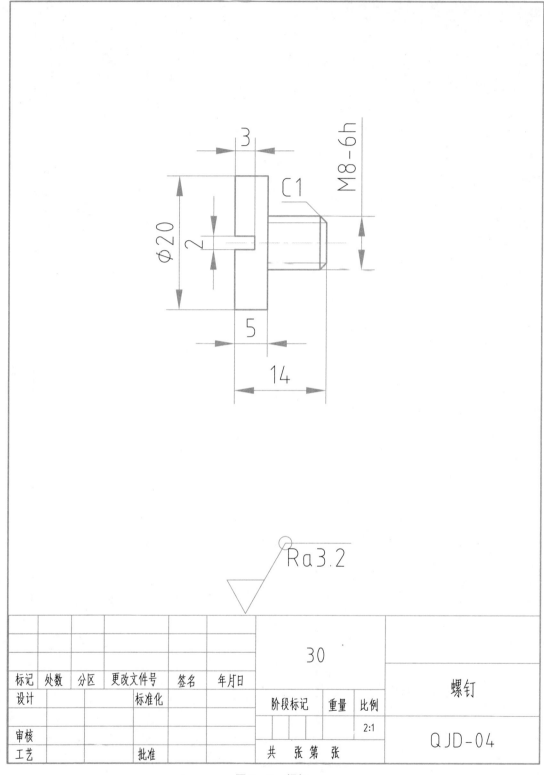

图 9-5　螺钉

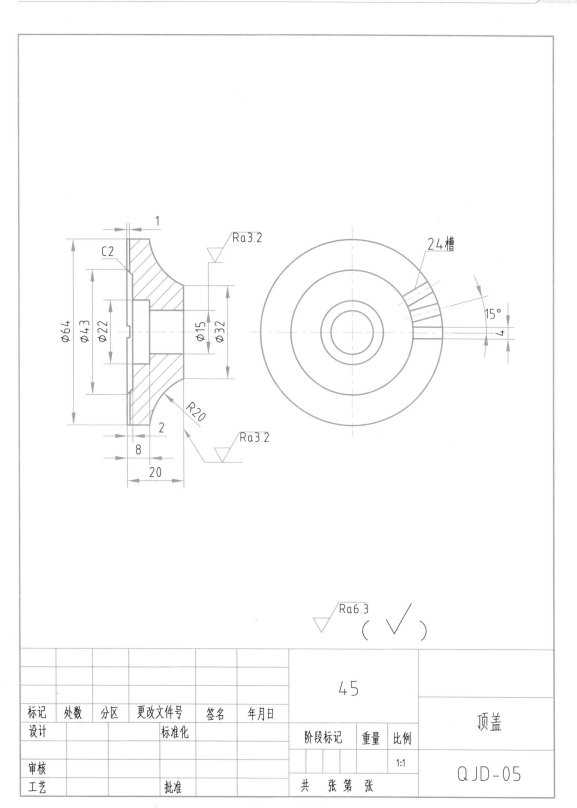

图 9-6　顶盖

第二节　绘制钻模装配图

一、实训目的

通过绘制装配图，掌握装配图的画图方法和步骤，掌握图样之间的调用插入的方法。

二、实训步骤及要求

（1）看懂装配图，进入 AutoCAD，设置绘图环境。

（2）绘制装配图中的各零件图（见图 9-7～图 9-14），编号存盘。

（3）按照绘制装配图的顺序，将零件图逐一调入并插入到装配图中（注意各图之间的比例关系）。

（4）对装配到一起的各零件图进行修改（判别可见性、剖面符号的正确处理等）。

（5）标注必要的尺寸。

（6）对零件进行编号，注写技术要求。

（7）填写标题栏及明细栏。

（8）注意掌握图样之间的调用和插入方法。

（9）绘制完成后赋名存盘，退出 AutoCAD。

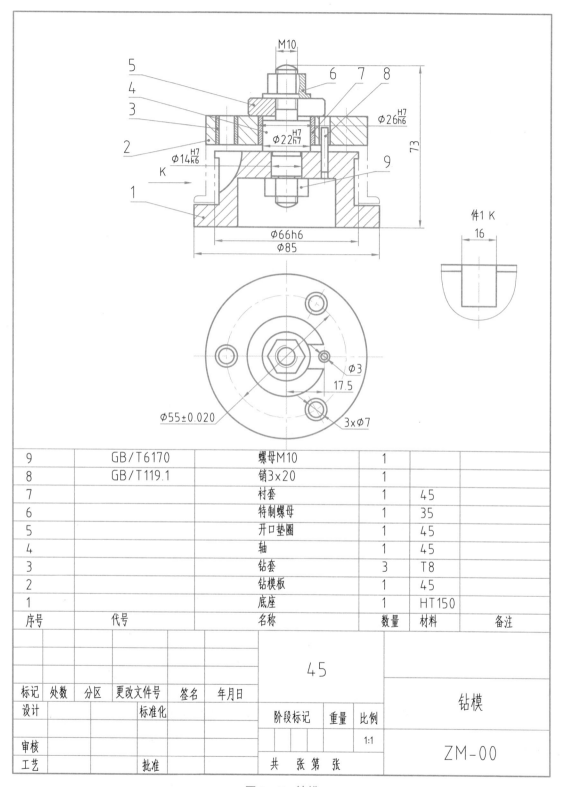

9	GB/T6170	螺母M10	1		
8	GB/T119.1	销3x20	1		
7		衬套	1	45	
6		特制螺母	1	35	
5		开口垫圈	1	45	
4		轴	1	45	
3		钻套	3	T8	
2		钻模板	1	45	
1		底座	1	HT150	
序号	代号	名称	数量	材料	备注

标记	处数	分区	更改文件号	签名	年月日	45			钻模
设计			标准化			阶段标记	重量	比例	
审核								1:1	ZM-00
工艺			批准			共　张第　张			

图 9-7　钻模

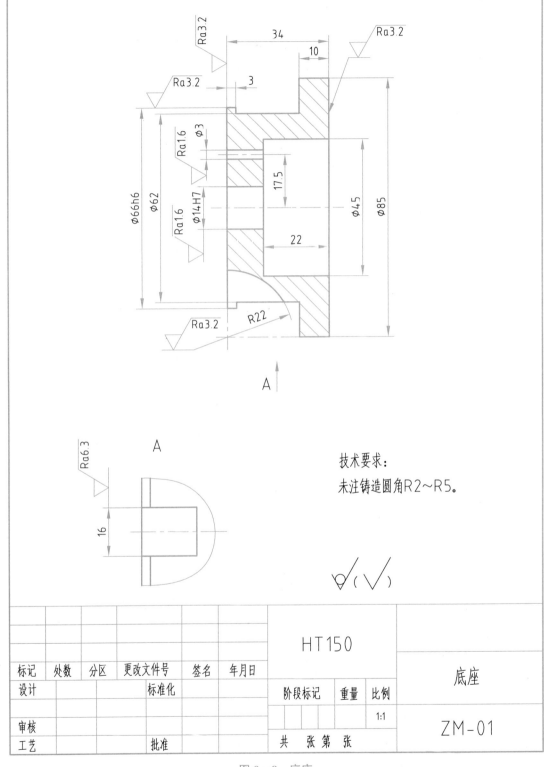

技术要求：
未注铸造圆角R2~R5。

图 9-8　底座

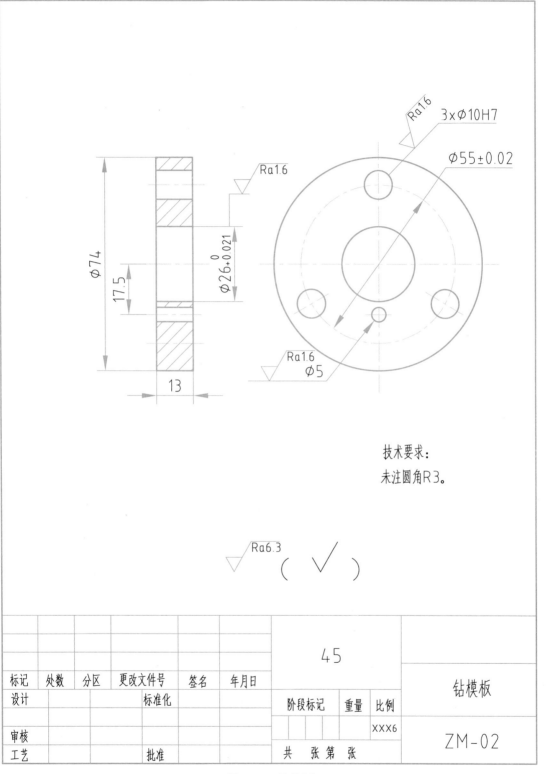

技术要求:
未注圆角R3。

$\sqrt{Ra6.3}$ ($\sqrt{}$)

45

标记	处数	分区	更改文件号	签名	年月日				钻模板
设计			标准化						
						阶段标记	重量	比例	
审核								XXX6	ZM-02
工艺			批准			共 张第 张			

图 9-9 钻模板

175

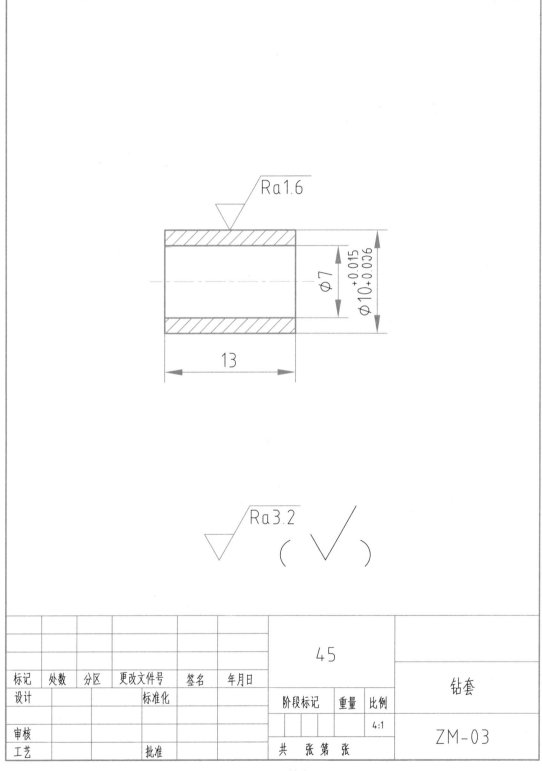

图 9 – 10　钻套

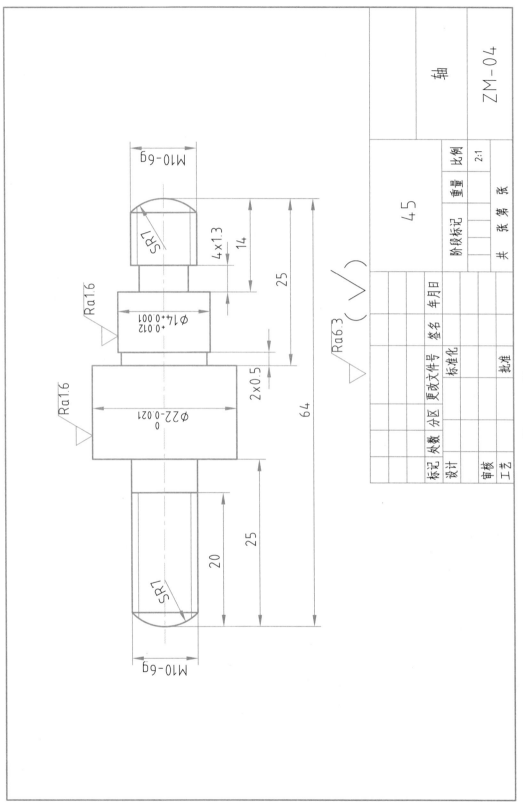

图 9 – 11 轴

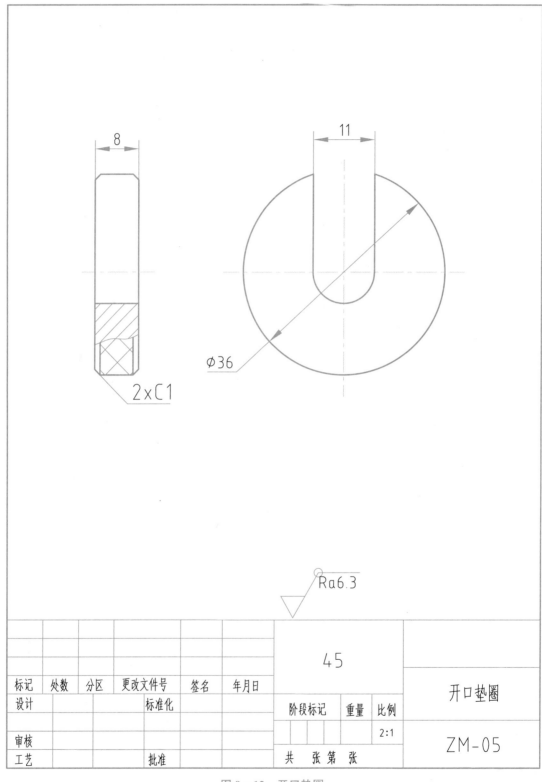

图 9－12　开口垫圈

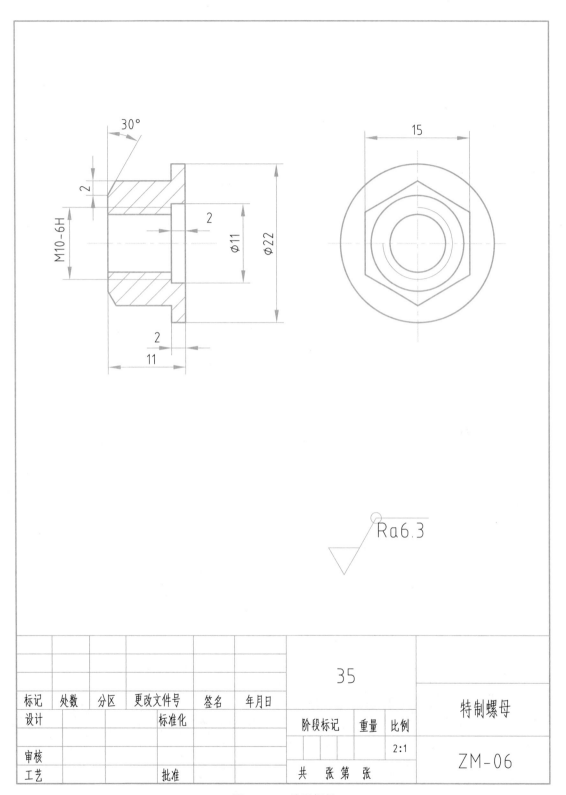

图 9 - 13　特利螺母

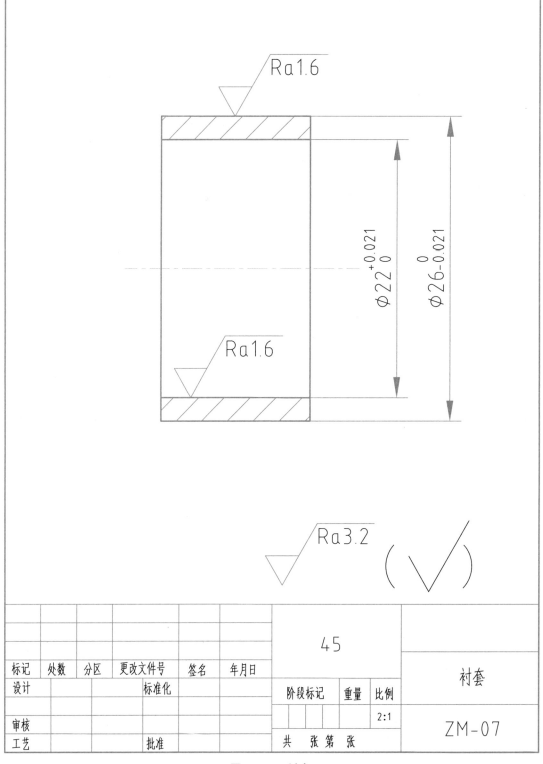

图 9 – 14　衬套

第三节　绘制虎钳装配图

一、实训目的

通过绘制虎钳装配图，进一步掌握绘制装配图的方法和步骤，熟悉图形文件之间的调用和插入的方法。

二、实训步骤及要求

（1）绘图前看懂装配图，设置绘图环境。

（2）先绘制组成装配图中的各零件的图（见图9-15～图9-23），编号存盘。

（3）按照画装配图的顺序，将零件图一一插入到装配图中（注意各图之间的比例关系）。

（4）对装配到一起的各零件图进行修改（判别可见性、剖面符号的正确处理等）。

（5）标注必要的尺寸。

（6）注写技术要求及对零件进行编号。

（7）填写标题栏与明细栏。

（8）注意在绘制装配图的过程中，掌握不同图样之间的调用插入方法。

（9）绘制完成后赋名存盘，退出 AutoCAD。

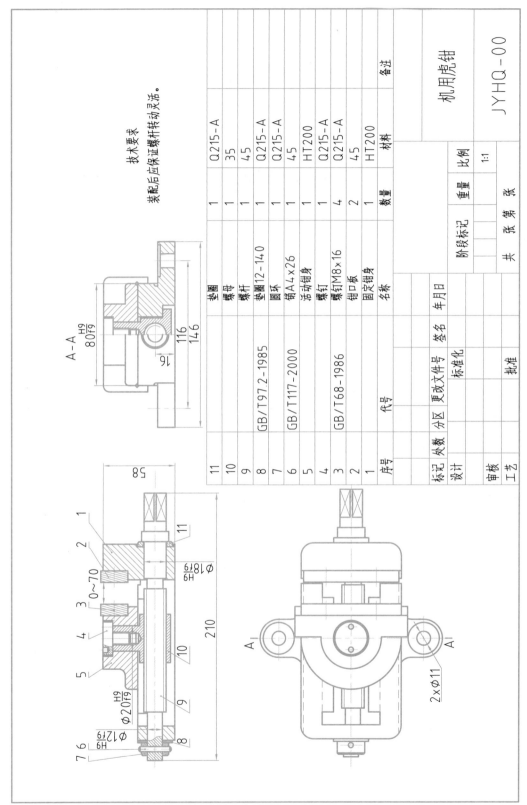

图 9 – 15 机用虎钳

技术要求
装配后应保证螺杆转动灵活。

序号	代号	名称	数量	材料	备注
11		垫圈	1	Q215-A	
10		螺母	1	35	
9		螺杆	1	45	
8	GB/T97.2-1985	垫圈12-140	1	Q215-A	
7		圆环	1	Q215-A	
6	GB/T1117-2000	销A4×26	1	45	
5		活动钳身	1	HT200	
4		螺钉	1	Q215-A	
3	GB/T68-1986	螺钉M8×16	4	Q215-A	
2		钳口板	2	45	
1		固定钳身	1	HT200	

标记	处数	分区	更改文件号	签名	年月日		机用虎钳	
设计			标准化			阶段标记	重量	比例
审核								1:1
工艺			批准			共 张	第 张	

JYHQ-00

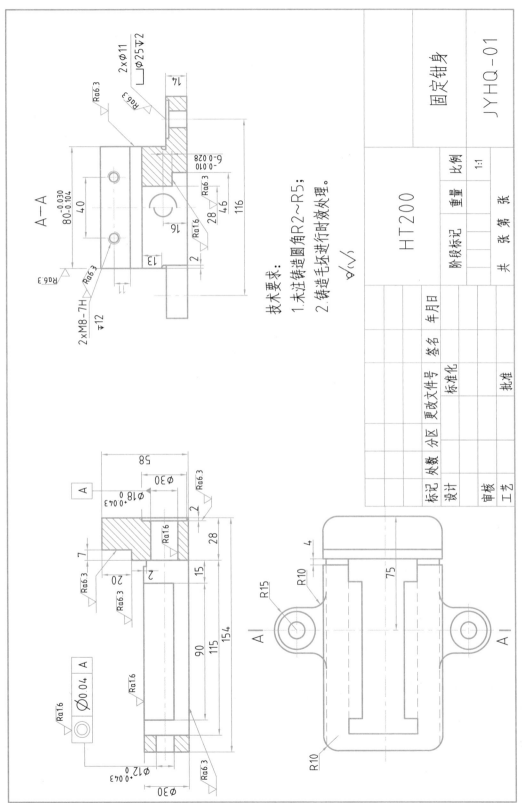

图 9－16 固定钳身

技术要求：
1.未注铸造圆角R2~R5；
2.铸造毛坯进行时效处理。

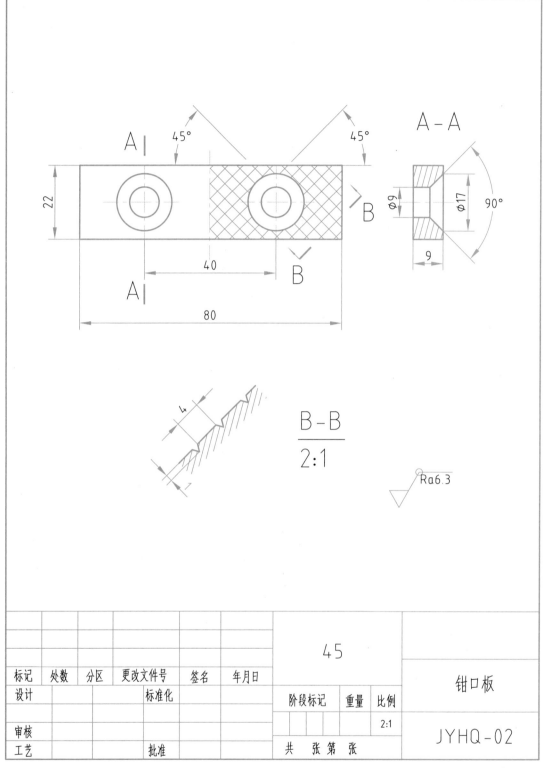

图 9-17 钳口板

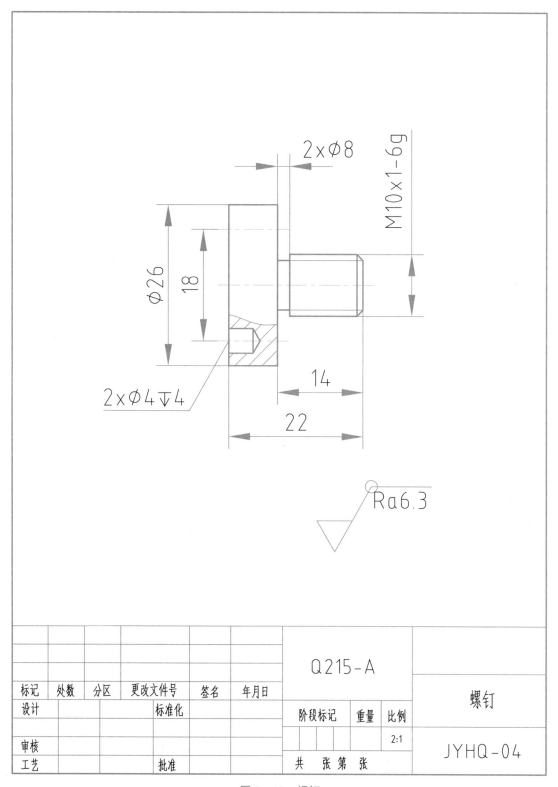

2x∅8

M10x1-6g

∅26

18

2x∅4▽4

14

22

Ra6.3

标记	处数	分区	更改文件号	签名	年月日	Q215-A			螺钉
设计			标准化			阶段标记	重量	比例	
审核								2:1	JYHQ-04
工艺			批准			共　张第　张			

图 9－18　螺钉

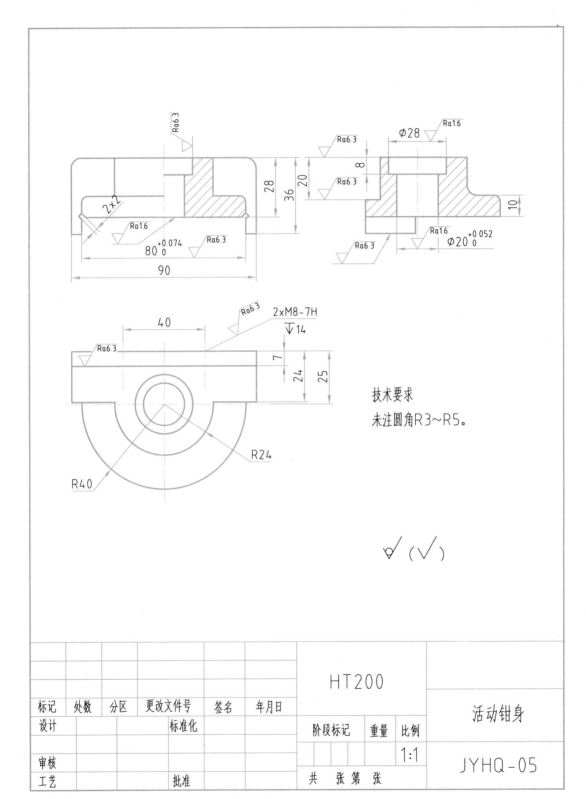

技术要求
未注圆角R3~R5。

						HT200			活动钳身
标记	处数	分区	更改文件号	签名	年月日				
设计			标准化			阶段标记	重量	比例	
								1:1	JYHQ-05
审核						共　张第　张			
工艺			批准						

图 9-19　活动钳身

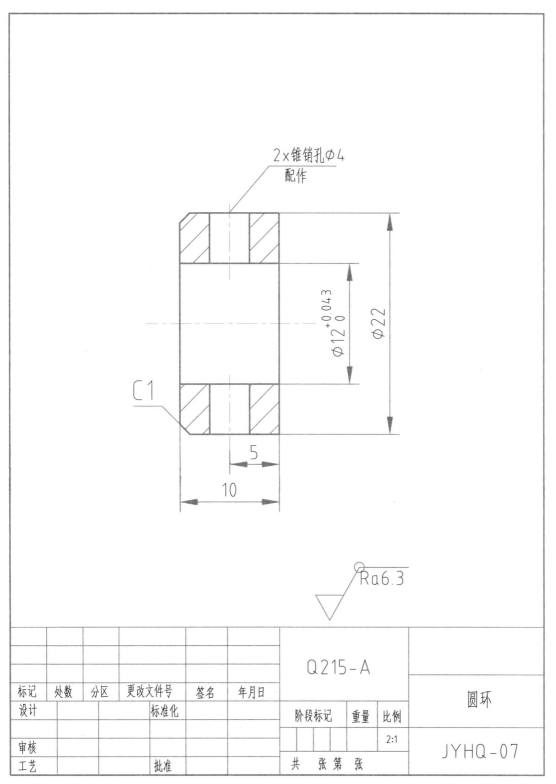

图 9-20 圆环

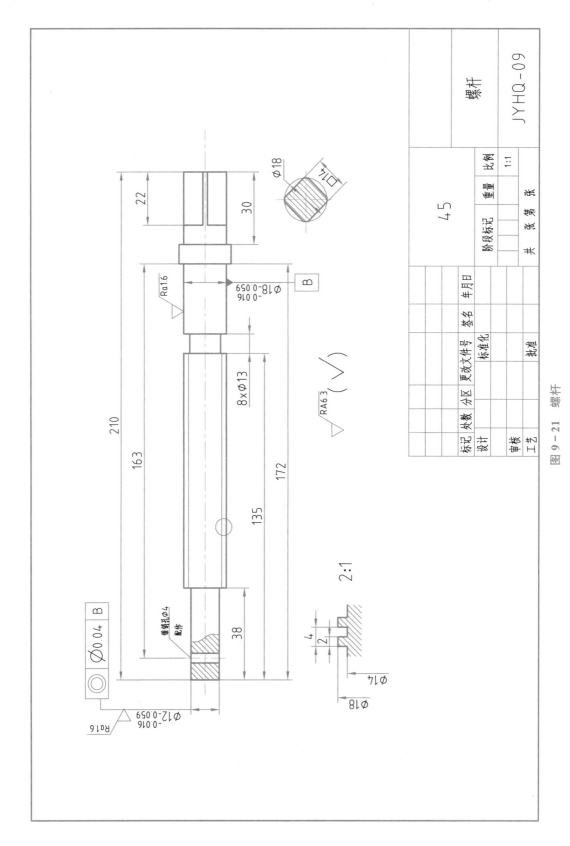

图 9 - 21 螺杆

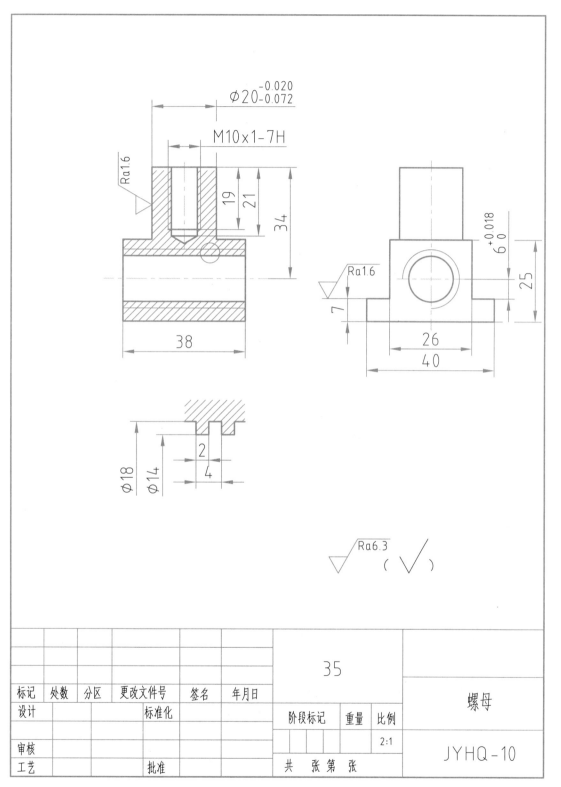

图 9－22　螺母

标记	处数	分区	更改文件号	签名	年月日	35			螺母
设计			标准化						
						阶段标记	重量	比例	
审核								2:1	JYHQ-10
工艺			批准			共　张第　张			

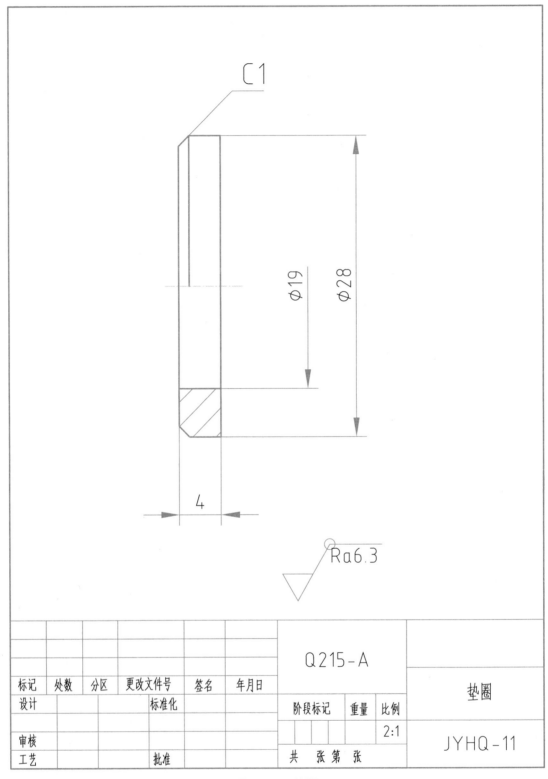

图 9-23 垫圈

第十章
三维绘图基础

学习指南

　　本章主要讲述了 AutoCAD 的三维实体造型基础知识，从观察三维模型和操控 UCS 入手，由简单到复杂，首先学习基本实体和简单组合体的创建，然后学习由二维图形创建三维实体，包括拉伸实体和旋转实体等，最后学习实体剖切和实体面的常用编辑。学习时，首先要进入 AutoCAD 的"三维建模"工作空间，它为我们提供了三维作图工具。熟悉常用工具的使用，并绘制一些常用的三维图形，能为我们进一步学习三维造型技术打下良好的基础。

主要内容

➤ 观察三维模型和操控 UCS

➤ 创建基本三维实体

➤ 面域和拉伸实体

➤ 旋转实体和实体剖切

➤ 实体面的编辑

第一节   观察三维模型和操控 UCS

知识要点:

★ 选择预设三维视图

★ 三维模型的视觉样式

★ 操控用户坐标系统 UCS

一、选择预设三维视图

快速设置视图的方法是选择预定义的三维视图。可以根据名称或说明选择预定义的标准正交视图和等轴测视图,如图 10-1 所示。这些视图代表常用选项:俯视、仰视、主视、左视、右视和后视,如图 10-2 所示。此外,可以从以下等轴测选项设置视图:SW(西南)等轴测、SE(东南)等轴测、NE(东北)等轴测和 NW(西北)等轴测。

图 10-1   预定义的标准视图

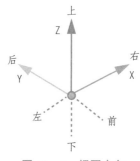

图 10-2   视图方向

➤ "视图"面板 → 预设视图(如:西南轴测图等)。

要理解等轴测视图的表现方式,请想象正在俯视盒子的顶部。如果朝盒子的左下角移动,可以从西南等轴测视图观察盒子。如果朝盒子的右上角移动,可以从东北等轴测视图观察盒子。如图 10-3 所示。

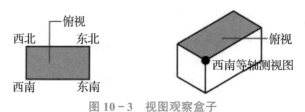

图 10-3   视图观察盒子

按住"Shift"键，同时拖动滚轮，可实现三维模型动态观察。

二、三维模型的视觉样式

视觉样式控制三维模型的显示效果，AutoCAD 提供以下 5 种默认视觉样式：

➢ 二维线框——显示用直线和曲线表示边界的对象。光栅和 OLE 对象、线型和线宽均可见。

➢ 三维线框——显示用直线和曲线表示边界的对象。

➢ 三维隐藏——显示用三维线框表示的对象并隐藏表示后向面的直线。

➢ 真实——着色多边形平面间的对象，并使对象的边平滑化。将显示已附着到对象的材质。

➢ 概念——着色多边形平面间的对象，并使对象的边平滑化；

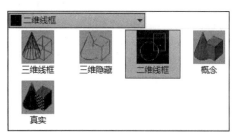

图 10 - 4　三维模型的视觉样式

☆"视图"面板 ➔ 视觉样式，如图 10 - 4 所示。

例 1：打开 10a.dwg 文件，如图 10 - 5 所示，显示基本视图和轴测图，最后进行消隐处理。

操作指导：选择"视图"面板中的"预设视图"，进行不同视图的操作。

例 2：打开 10b.dwg 文件，如图 10 - 6 所示，进行着色处理。

操作指导：

选择"视图"面板中的"各视觉样式"，并按住"Shift"键，同时拖动滚轮，进行动态观察三维模型操作。

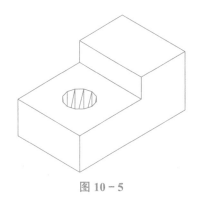

图 10 - 5

图 10 - 6

三、操控用户坐标系统 UCS

1. 三维坐标系统

AutoCAD 中相对于 X 轴、Y 轴、Z 轴构成的坐标系有两个：世界坐标系（WCS）和用户坐标系（UCS），默认情况下，这两个坐标系在新图形中是重合的。我们平时二维工具的使用都是在 XY 平面或与 XY 平面平行的平面上进行的。移动或旋转 UCS 可以更容易地处理图形的特定区域。切换 6 个基本视图都会基于 WCS 原点进行坐标方位变换，但切换到轴测图显示不改变原来坐标系的方位设置。

2. 定义用户坐标系（见图 10 - 7）

➢ 命令：UCS

可重新定位用户坐标系，默认重新指定 UCS
原点。

（1）面（F）：选择 UCS 面的边界内或面的边
缘，UCS 的 X 轴会对齐于选择点的最接近边缘；

（2）命名（NA）：命名保存当前 UCS；

（3）对象（OB）：所定义的坐标 UCS 将平行
于该对象的平面；

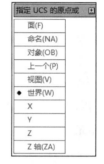

图 10 - 7　定义用户坐标系

（4）上一个（P）：返回前一次 UCS；

（5）视图（V）：设置目前的 UCS 为平行屏幕平面而原点不变的 UCS 坐标；

（6）世界（W）：世界坐标系 UCS；

（7）X、Y、Z：绕 X 轴或 Y 轴或 Z 轴旋转后
的 UCS；

（8）定义新的原点和 Z 轴正方向。

使用 Plan 命令，可使新建的坐标系的 XY 平
面与屏幕对齐，便于二维绘图。

例 3：打开 10c.dwg 文件，请在不同平面上绘
制图形，结果如图 10 - 8 所示。

绘图步骤：

（1）绘制桌面"扇形"图线。

启动"圆弧"命令，指定圆弧起点时，先靠

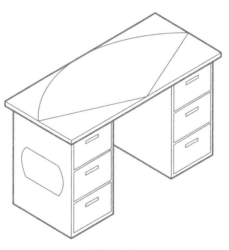

图 10 - 8

近"桌面"，此时出现虚线框（见图 10－9），表示"桌面"为绘图平面，再捕捉"桌边"的中点，这时 XY 坐标平面会临时切换到"桌面"（见图 10－10 所示）。继续捕捉其他"桌边"的中点为第二点和端点，完成圆弧绘制。用同样的办法绘制两直线。

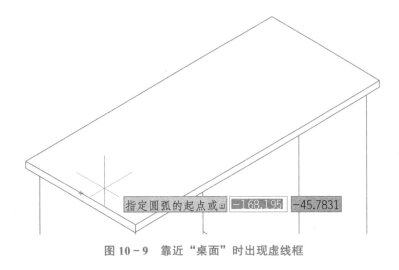

图 10－9　靠近"桌面"时出现虚线框

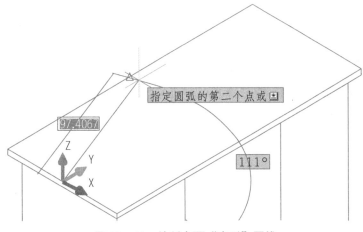

图 10－10　绘制桌面"扇形"图线

（2）绘制桌子侧面图形。

启动坐标变换命令 UCS，出现提示：

指定 UCS 的原点或［面（F）/命名（NA）/对象（OB）/上一个（P）/视图（V）/世界（W）/X/Y/Z/Z 轴（ZA）］＜世界＞：F　// 选择 UCS 面确定坐标

选择实体对象的面：　// 按住"Ctrl"键，选择桌子侧面

输入选项［下一个（N）/X 轴反向（X）/Y 轴反向（Y）］＜接受＞：　// 回车接受坐标变换结果并退出，结果如图 10－11 所示。

切换到"线框"模式，在侧面中心绘制 R25 的圆，在直径处绘制水平线并往上下各偏移 15，最后修剪，结果如图 10‑12 所示。

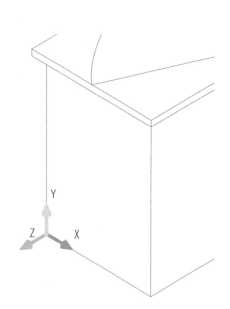

图 10‑11　绘图坐标变换到侧面

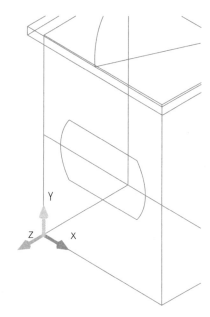

图 10‑12　绘制桌子侧面图形

（3）绘制桌子的抽屉图形。

启动坐标变换命令 UCS，使坐标的 XY 面切换到桌子前面，结果如图 10‑13 所示。

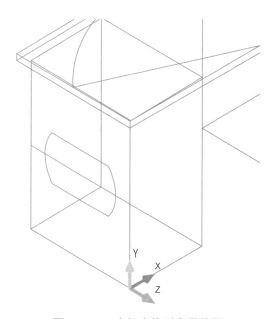

图 10‑13　坐标变换到桌子前面

启动 Plan 命令，使坐标系的 XY 平面与屏幕对齐，绘制"抽屉"图形。绘制矩形 45×30 和矩形 15×3，并矩形阵列，结果如图 10-14 所示。

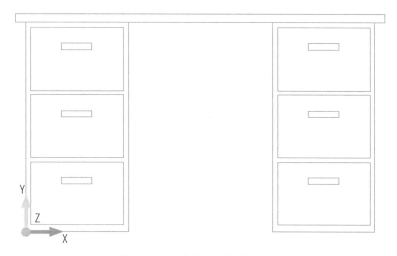

图 10-14　绘制桌子的抽屉图形

例 4：打开 10d.dwg 文件，使用适当的 UCS 变换方式创建图形剖面线，结果如图 10-15 所示。

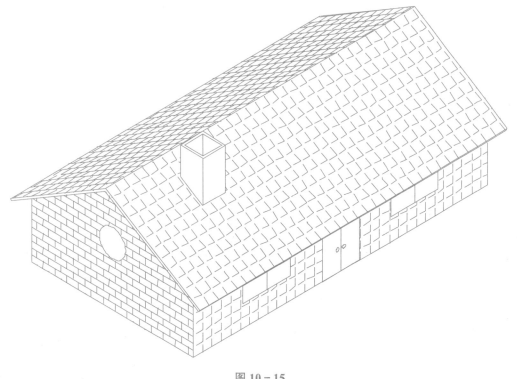

图 10-15

绘图步骤：

（1）绘制侧面填充图案。

启动坐标变换命令 UCS，使侧面为坐标的 XY 面。使用 Plan 命令使坐标的 XY 面与屏幕对齐。使用图案填充命令 Bhatch，填充图案选择"Brick"，比例为 5。

（2）绘制前面填充图案。

启动坐标变换命令 UCS，使前面为坐标的 XY 面。使用 Plan 命令使坐标的 XY 面与屏幕对齐。使用图案填充命令 Bhatch，填充图案选择"Angle"，比例为 5。

（3）绘制顶面填充图案。

启动坐标变换命令 UCS，使顶面为坐标的 XY 面。使用 Plan 命令使坐标的 XY 面与屏幕对齐。使用图案填充命令 Bhatch，填充图案选择"NET"，比例为 10。

第二节　创建基本三维实体

知识要点：

★ 创建基本三维实体

★ 三维实体的布尔计算

★ 对齐命令的使用

一、创建基本三维实体

1. 绘制基本实体

➢ 启动：建模 → 长方体／圆柱体等，如图 10 - 16 所示。

各基本形体绘制方法如下：

➢ 长方体——指定长方体的两对角点或指定长方体的长、宽、高；

➢ 圆柱体——指定圆柱体底面的中心点、输入底面半径和柱体的高度；

➢ 圆锥体——指定圆锥体底面的中心点、输入底面半径和锥体的高度；

图 10 - 16　绘制基本实体

➢ 球——指定球心，输入球半径；

➢ 棱锥体——指定棱锥体底面的中心、输入底面半径和高度；

➢ 楔体——指定楔体底面的一个角点，再输入楔体的长度、宽度、高度；

➢ 圆环——指定圆环中心点，再输入圆环半径和圆管半径。

2. 编辑基本实体

选中三维实体，进行夹点编辑；或者双击实体对象，出现"特性"对话框，修改实体参数。

例1：绘制圆台和六棱台，尺寸如图 10 - 17 所示。

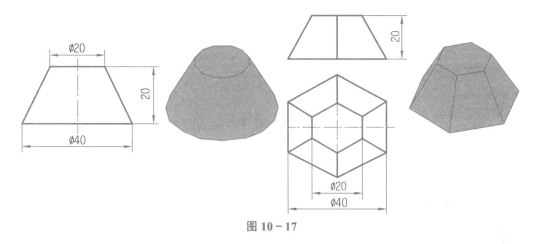

图 10 - 17

绘图步骤：

（1）绘制圆台。

启动：建模 ➔ 圆锥体

指定底面的中心点或［三点（3P）/两点（2P）/切点、切点、半径（T）/椭圆（E）］：

指定底面半径或［直径（D）］：20

指定高度或［两点（2P）/轴端点（A）/顶面半径（T）］：T

指定顶面半径 <0.0000>：10

指定高度或［两点（2P）/轴端点（A）］：20

（2）绘制六棱台。

启动：建模 ➔ 棱锥体

指定底面的中心点或［边（E）/侧面（S）］：S

输入侧面数 <4>：6

指定底面的中心点或［边（E）/侧面（S）］：

指定底面半径或［内接（I）］<20.0000>：20

指定高度或［两点（2P）/轴端点（A）/顶面半径（T）］<20.0000>：T

指定顶面半径 <10.0000>：10

指定高度或［两点（2P）/轴端点（A）］<20.0000>：20

二、三维实体的布尔计算

通过合并、减去或找出两个或两个以上三维实体的相交部分来创建复合三维对象，这种操作方法称为布尔计算，包括并集、差集和交集。

➢ 启动并集命令：实体编辑 → 并集，可以合并两个或两个以上的对象。

➢ 启动差集命令：实体编辑 → 差集，可以从一组实体中删除与另一组实体的公共区域。

➢ 启动交集命令：实体编辑 → 交集，可以从两个或两个以上重叠实体的公共部分创建复合实体。

例2：分别用并集操作、差集操作和交集操作绘制如图10-18所示的复合实体。

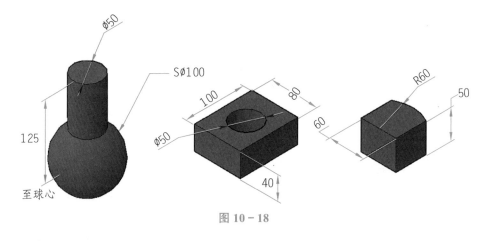

图 10-18

绘图步骤：

（1）绘制并集复合对象。

启动：建模 → 球，绘制半径为50的球，再启动：建模 → 圆柱，以球心为底面中心，绘制底面半径为25、高为125的圆柱。

启动：实体编辑 → 并集，分别选择"球"和"圆柱"，回车确定。

（2）绘制差集复合对象。

启动：建模 → 长方体，绘制长为100、宽为80、高为40的长方体，再启动：建模 → 圆柱，以长方体底面对角线中点为圆柱底面中心，绘制底面半径为25、高为40的圆柱。

启动：实体编辑 → 差集，选择被减对象"长方体"，回车确定；再选择减对象"圆柱"，回车完成。

（3）绘制交集复合对象。

启动：建模 → 长方体，绘制长为80、宽为60、高为50的长方体。再启动：建模 → 圆柱，以长方体底面左边中点为圆柱底面中心，绘制底面半径为60、高为50的圆柱。

启动"实体编辑" → "交集"命令，分别选择"长方体"和"圆柱"，回车确定。

三、对齐命令的使用

➢ 工具按钮：修改 → 三维对齐

➢ 命令：3DAlign

命令启动后，可以为源对象指定一个、两个或三个点。然后，可以为目标对象指定一个、两个或三个点。其命令提示如下：

选择对象： // 选择要对齐的对象或按"Enter"键

指定源平面和方向

指定基点或［复制（C）］： // 指定点或输入 C 以创建副本

指定第二个点或［继续（C）］<C>： // 指定对象的 X 轴上的点，或按"Enter"键向前跳到指定目标点

指定第三个点或［继续（C）］<C>： // 指定对象的正 XY 平面上的点，或按"Enter"键向前跳到指定目标点

指定目标平面和方向

指定第一个目标点： // 指定点

指定第二个目标点或［退出（X）］<X>： // 指定目标的 X 轴的点或按"Enter"键

指定第三个目标点或［退出（X）］<X>： // 指定目标的正 XY 平面的点或按"Enter"键

例 3：绘制如图 10 - 19 所示的立体图，尺寸按照三视图的要求。

绘图步骤：

（1）绘制大长方体。

启动：建模 → 长方体，绘制长为50、宽为6、高为24的长方体。

（2）绘制圆角 R10。

启动：修改 → 圆角

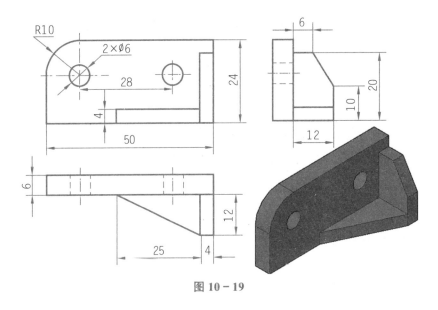

图 10 – 19

选择第一个对象或［放弃（U）/ 多段线（P）/ 半径（R）/ 修剪（T）/ 多个（M）］： //
选择要圆角的边

输入圆角半径 <10.0000>：10

选择边或［链（C）/ 半径（R）］： // 回车确定并退出

（3）绘制两个小圆孔。

启动：建模 → 圆柱，选择圆角的圆心为底面中心，此时 XY 坐标平面切换到长方体
的前面，输入圆柱底面半径为 3、高为 6。接着，沿 X 方向距离为 28 复制该小圆柱。最
后启动"实体编辑 → 差集"命令，从长方体中挖出两个小孔。

（4）绘制小长方体。

启动：建模 → 长方体，绘制长为 4、宽为 12、高为 20 的长方体，并移动到相应
位置。

（5）绘制倒角 6 × 10。

启动：修改 → 倒角，选择第一对象时，选择要倒角的边，输入半径 10。

选择第一条直线或［放弃（U）/ 多段线（P）/ 距离（D）/ 角度（A）/ 修剪（T）/ 方式
（E）/ 多个（M）］： // 选择要倒角的边

基面选择：

输入曲面选择选项［下一个（N）/ 当前（OK）] < 当前（OK）>：OK // 侧面为基面

指定基面的倒角距离：10

指定其他曲面的倒角距离 <10.0000>：6

选择边或［环（L）］：选择边或［环（L）］： //选择要倒角的边

（6）绘制楔体。

启动：建模 → 楔体，绘制长为 12、宽为 4、高为 25 的楔体。

（7）将楔体对齐到相应位置。

启动：修改 → 三维对齐，选择源对象"楔体"的 3 个对齐点，如图 10 - 20 所示；再选择目标对象的 3 个对齐点，如图 10 - 21 所示。

图 10 - 20　源对象的 3 个对齐点

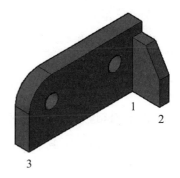

图 10 - 21　目标对象的 3 个对齐点

课后习题

绘制如图 10 - 22 所示的立体图，尺寸按照三视图的要求。

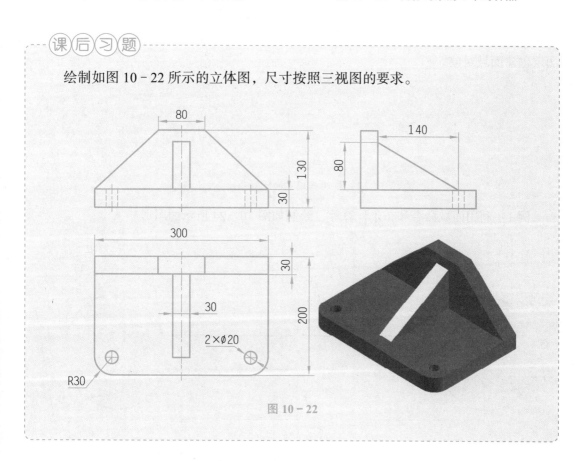

图 10 - 22

第三节　面域和拉伸实体

知识要点：

★ 面域命令的使用

★ 拉伸命令的使用

★ 按住／拖动有界区域

一、面域命令

面域是指封闭区域所形成的二维实体对象。

➢ 命令：Region（或简写 Reg）

➢ 工具按钮：绘图 → 面域

说明：面域对象可选择多段线、圆、椭圆、样条曲线，或由直线、圆弧、椭圆弧、样条曲线连接而成的封闭曲线，如图 10-23 所示。在创建面域时，删除原对象，在当前图层创建面域对象。

图 10-23　面域对象

例 1：利用面域命令和布尔计算等，绘制如图 10-24 所示的图形。

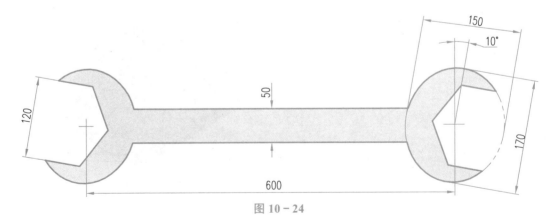

图 10-24

绘图步骤：

（1）绘制矩形 600×50。

启动：绘图 → 矩形，绘制长为 600、宽为 50 的矩形。

（2）绘制两个椭圆 170×150。

启动：绘图 → 椭圆，以矩形左右边长中点为中心绘制两个半轴长分别为 75、85 的椭圆。再启动：修改 → 旋转，以椭圆中心为基点，旋转角度为 -10°。如图 10-25 所示。

图 10-25   绘制矩形和椭圆

（3）合并矩形和椭圆。

启动：绘图 → 面域，将椭圆和矩形转化为面域对象。再启动：实体编辑 → 并集，合并上述对象。如图 10-26 所示。

图 10-26   合并矩形和椭圆

（4）绘制两个正六边形。

启动：绘图 → 正多边形，绘制正六边形，以椭圆圆心为中心，半径为 60，如图 10-27 所示。移动正六边形到相应位置，如图 10-28 所示。

图 10-27   绘制正六边形   图 10-28   移动正六边形

再启动：修改 → 旋转，以椭圆中心为基点，旋转角度为 -10°。

（5）求出"差集"复合对象。

启动：绘图 → 面域，将正六边形转化为面域对象。再启动：实体编辑 → 差集，从刚才并集复合对象中减去正六边形对象。

二、拉伸命令

将封闭二维对象（包括圆、多段线、面域等）沿指定方向或路径拉伸成三维实体。

➤ 启动：建模 → 拉伸。

命令启动后，出现如下提示：

选择要拉伸的对象：

指定拉伸的高度或［方向（D）/路径（P）/倾斜角（T）］<20.0000>： //可指定拉伸高度及拉伸斜角，或可沿某一直线或曲线路径进行拉伸。

注意：如果封闭的对象为多个独立对象，例如多条直线或圆弧，必须转换为单个对象，才能从中创建拉伸实体。可以事先使用多段线编辑命令 Pedit 的"合并"选项，将对象合并为多段线，也可以使用面域命令 Region 将对象转换为面域。

例 2：根据平面图尺寸，利用拉伸实体命令绘制如图 10 - 29 所示的钥匙立体图形。

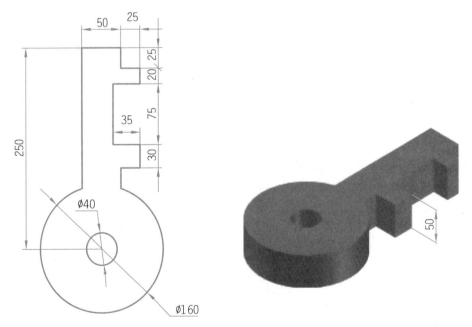

图 10 - 29　绘制钥匙立体图形

绘图步骤：

（1）将视图方式切换到俯视图，绘制如图 10 - 30 所示的钥匙平面图。

（2）面域该图形对象，并将视图方式切换到西南轴测图。

（3）启动：建模 → 拉伸，拉伸高度为 50。

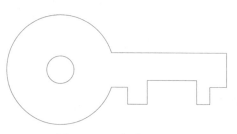

图 10 - 30　钥匙平面图

三、按住 / 拖动有边界区域

通过在区域内单击来按住有边界区域并拖动，然后输入拉伸值或动态拉伸更改数值。在有边界区域的形状中可创建正拉伸或负拉伸，最终会生成单个三维实体对象，该对象通常具有复合形状。如图 10 - 31 所示。

实体上的边界　　压入边界区域　　拉出边界区域
区域（圆型）

图 10 - 31　按住有边界区域并拖动

例 3：绘制如图 10 - 32 所示的立体图，尺寸按照三视图的要求。

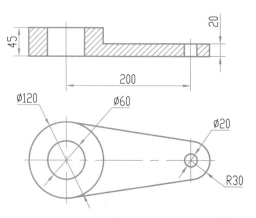

图 10 - 32

绘图步骤：

（1）将视图方式切换到俯视图，绘制如图 10 - 33 所示的平面图形并面域。

（2）将视图方式切换到西南轴测图，启动：建模 → 拉伸，拉伸高度为 20。

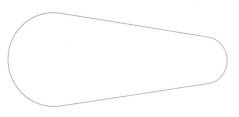

图 10 - 33　俯视图轮廓

（3）在拉伸实体表面上绘制 R60 的圆和 R10 的圆，如图 10 - 34 所示。启动：建模 → 按住 / 拖动，光标移到 R60 圆的内部，出现虚线框时按住并向上拖动，输入拉伸距离为 25，形成圆凸台。

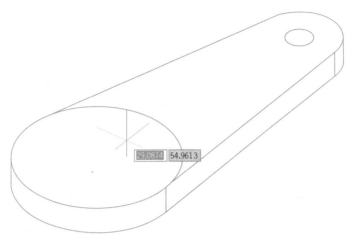

图 10 - 34　拉伸图形

同样地，启动：建模 → 按住 / 拖动，光标移到 R10 圆的内部，出现虚线框时，按住并向下拖动，输入拉伸距离为 20，形成圆孔。

（4）继续在顶面绘制 R30 的圆孔，启动：建模 → 按住 / 拖动，拉伸出圆孔。

课后习题

1. 绘制如图 10 - 35 所示的立体图。

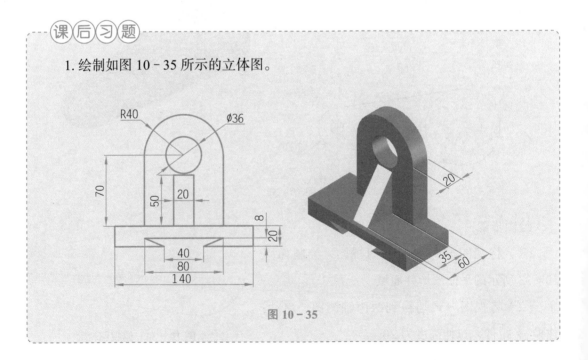

图 10 - 35

2. 绘制如图 10 - 36 所示的立体图。

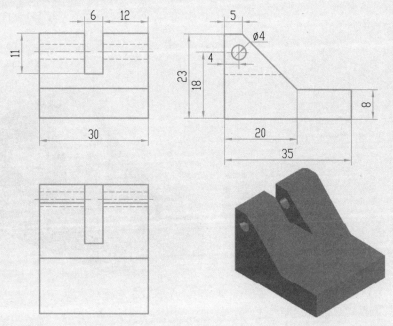

图 10 - 36

3. 绘制如图 10 - 37 所示的立体图。

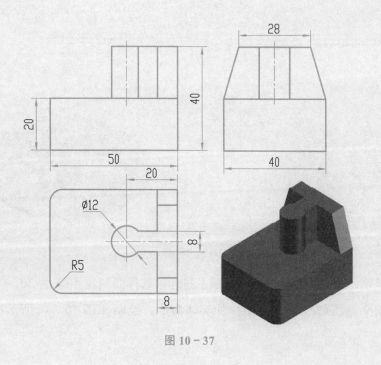

图 10 - 37

4. 绘制如图 10 - 38 所示的立体图。

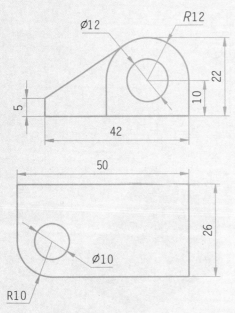

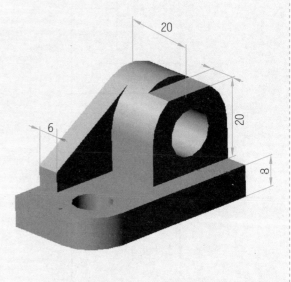

图 10 - 38

5. 绘制如图 10 - 39 所示的立体图。

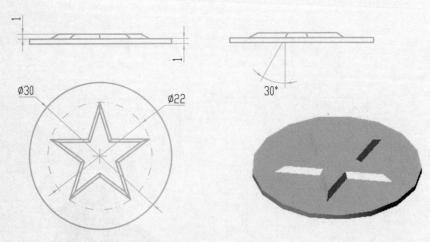

图 10 - 39

操作指导：绘制好五角星并面域后，拉伸时选择倾斜角（T）为 30°

6. 根据平面图的尺寸，利用拉伸实体命令，绘制如图 10 - 40 所示的弯管立体图形。

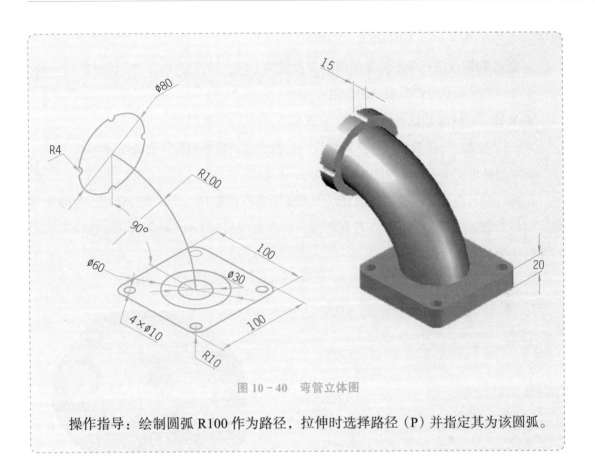

图 10 - 40　弯管立体图

操作指导：绘制圆弧 R100 作为路径，拉伸时选择路径（P）并指定其为该圆弧。

第四节　旋转实体和实体剖切

知识要点：

★ 旋转实体

★ 实体剖切

一、旋转实体

将封闭的二维对象（包括圆、多段线、样条曲线、面域等）沿指定的旋转轴旋转成三维实体。如果旋转开放对象，则生成曲面。

➤ 启动：建模 → 旋转

命令启动后，出现如下提示：

选择要旋转的对象：

指定轴起点或根据以下选项之一定义轴［对象（O）/X/Y/Z］＜对象＞：　//请指定

以下各项之一：

➢ 起点和端点——单击屏幕上的点以设置轴方向。轴点必须位于旋转对象的一侧。轴的正方向为从起点延伸到端点的方向。

➢ X 轴、Y 轴或 Z 轴——输入 x、y 或 z。

➢ 一个对象——选择直线、多段线线段的线性边或曲面或实体的线性边。

指定旋转角度或［起点角度（ST）］<360>：

注意：旋转由与多段线相交的直线或圆弧组成的轮廓时，该轮廓会创建一个曲面对象。要转为创建三维实体对象，首先需要使用多段线编辑 Pedit 命令的合并选项将轮廓对象转换为单条多段线。

例 1：利用旋转实体命令，绘制如图 10 - 41 的"连接盘"的立体图形。

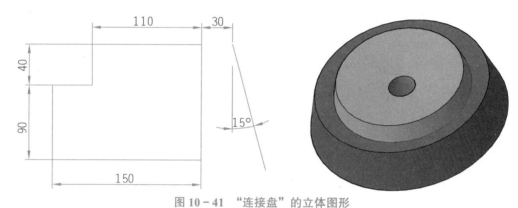

图 10 - 41 "连接盘"的立体图形

绘图步骤：

（1）将视图方式切换到前视图，绘制如图 10 - 42 所示的平面图形。

（2）面域二维多边形，并切换到西南轴测图视图方式。

（3）启动：建模 ➜ 旋转，按提示要求操作。

选择要旋转的对象： // 选择刚才面域对象

指定轴起点或根据以下选项之一定义轴［对象（O）/X/

图 10 - 42 "连接盘"平面图

Y/Z］<对象>： // 捕捉斜线端点

指定轴端点： // 捕捉斜线另一端点

指定旋转角度或［起点角度（ST）］<360>：360

二、实体剖切

剖切命令可将实体图形切开，分割成不同的实体或只保留分割后一部分的实体图形。

➢ 启动：实体编辑 → 剖切，命令启动后，出现如下提示：

选择要剖切的对象：

指定切面的起点或［平面对象（O）/曲面（S）/Z轴（Z）/视图（V）/XY（XY）/YZ（YZ）/ZX（ZX）/三点（3）］＜三点＞：　　//可以使用以下方法定义用于剖切三维实体对象的剪切平面：

（1）指定点。默认的方法是指定两个用于定义与当前UCS的XY平面垂直的剪切平面的点；

（2）三点定义剖切面；

（3）以选择的对象定义剖切面；

（4）以法线方向（Z轴）定义剖切面；

（5）定义剖切面对齐于当前视图；

（6）定义剖切面对齐于目前UCS之XY/YZ/ZX平面。

在所需的侧面上指定点或［保留两个侧面（B）］＜保留两个侧面＞：

例2：利用实体剖切命令，绘制如图10-43所示的立体图形。

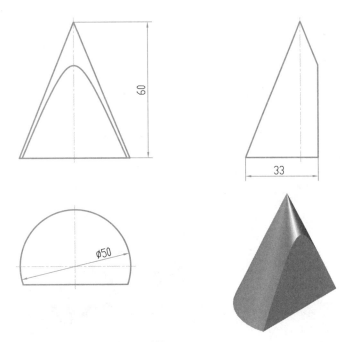

图 10-43

绘图步骤：

（1）绘制圆锥。

启动：建模 → 圆锥体，输入圆锥底面半径为 25，高为 60。

（2）将视图方式切换到俯视图，绘制直线如图 10-44 所示。

（3）启动：实体编辑 → 剖切，按提示要求操作。

选择要剖切的对象： // 选择圆锥

指定切面的起点或 [平面对象（O）/曲面（S）/Z 轴（Z）/视图（V）/XY（XY）/YZ（YZ）/ZX（ZX）/三点（3）] <三点>： // 选择直线的端点

指定平面上的第二个点： // 选择直线的另一端点

在所需的侧面上指定点或 [保留两个侧面（B）] <保留两个侧面>： // 选择圆锥保留部分。

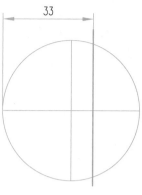

图 10-44　俯视图轮廓

课后习题

1.利用旋转实体和拉伸实体命令，绘制如图 10-45 所示的"轴"立体图形。

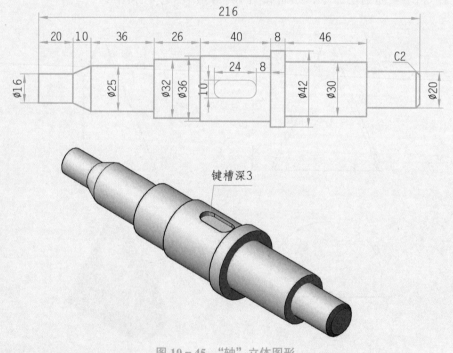

图 10-45　"轴"立体图形

2.利用旋转实体和实体剖切等命令，绘制如图 10-46 所示立体图形。

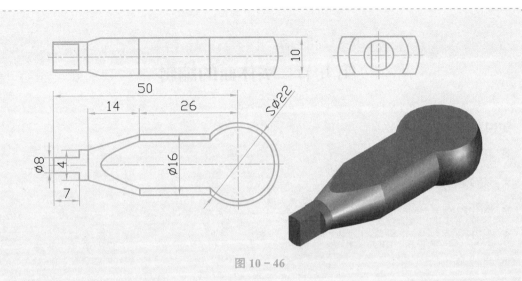

图 10－46

3. 利用拉伸实体和实体剖切等命令，绘制如图 10－47 所示的立体图形。

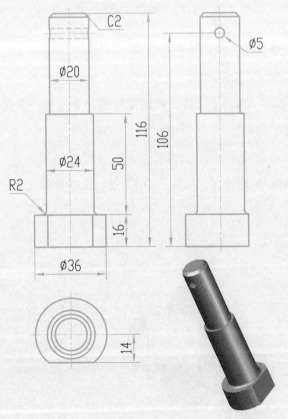

图 10－47

第五节　实体面的编辑

知识要点：

★ 拉伸面

★ 移动面

★ 偏移面

★ 删除面

★ 旋转面

★ 倾斜面

一、拉伸面

将实体面拉伸一个高度，或沿着路径拉伸。

➢ 启动：实体编辑 → 拉伸面

例1：打开 10- 拉伸面 .dwg 文件，利用拉伸面命令拉伸一个高度为 40、锥形角度为 15 的实体面。如图 10 - 48 所示。

绘图步骤：

（1）启动实体编辑 → 拉伸面，按住 "Ctrl" 键，选择拉伸面，回车确定。如图 10 - 49 所示。

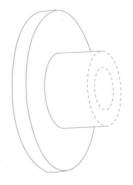

图 10 - 48　　　　　　　　　　　图 10 - 49　选择拉伸面

（2）输入拉伸高度为 40、锥形角度为 15，两次回车，完成图形。

二、移动面

改变三维实体面的位置，从而改变实体外形。

➤ 启动：实体编辑 → 移动面

例 2：打开 10- 移动面 .dwg 文件，利用移动面命令改变孔的位置的实体面。如图 10 - 50 所示。

图 10 - 50

绘图步骤：

（1）启动：实体编辑 → 移动面，按住"Ctrl"键，选择孔面——包含 4 个实体面，回车确定。如图 10 - 51 所示。

（2）选择面的中点为基点，将光标移到适当位置作为位移第二点，两次回车，完成图形。

三、偏移面

将实体面偏移一定的距离。

➤ 启动：实体编辑 → 偏移面

例 3：打开 10- 偏移面 .dwg 文件，利用偏移面命令将圆管内壁偏移距离为 20。如图 10 - 52 所示。

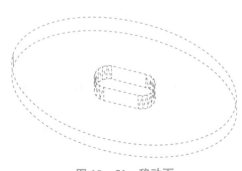

图 10 - 51　移动面

图 10 - 52

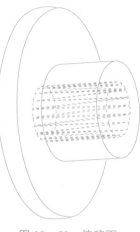

绘图步骤：

（1）启动：实体编辑 → 偏移面，按住"Ctrl"键，选择孔壁面，回车确定。如图 10 - 53 所示。

（2）输入偏移距离为 20，两次回车，完成图形。

四、删除面

将多余的或画错的实体面删除。

➤ 启动：实体编辑 → 删除面

例 4：打开 10- 删除面 .dwg 文件，利用删除面命令删除倒角面。如图 10 - 54 所示。

图 10 - 53　偏移面

绘图步骤：

启动：实体编辑 → 删除面，按住"Ctrl"键，选择倒角面，两次回车，完成图形。如图 10 - 55 所示。

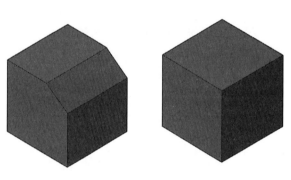

图 10 - 54

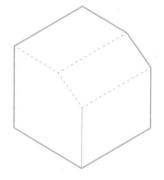

图 10 - 55　删除面

五、旋转面

实体面旋转一个角度，从而改变实体外形。

➤ 启动：实体编辑 → 旋转面

例 5：打开 10- 旋转面 .dwg 文件，利用旋转面命令改变外形。如图 10 - 56 所示。

绘图步骤：

（1）启动：实体编辑 → 旋转面，按住"Ctrl"键，选择要旋转的圆柱顶面，回车确定。如图 10 - 57 所示。

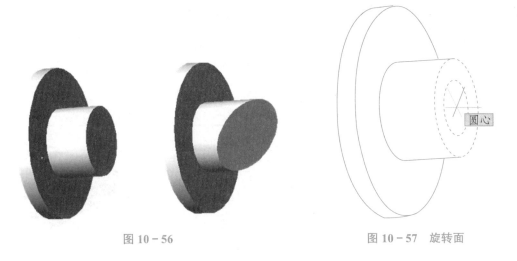

图 10－56　　　　　　　　　　　图 10－57　旋转面

（2）输入旋转轴——输入 Y，选择旋转面的圆心作为原点。

（3）输入旋转角度为 –30°，两次回车，完成图形。

六、倾斜面

将实体面改变倾斜角度，从而改变实体外形。

➢ 启动：实体编辑 → 倾斜面"

例 6：打开 10- 倾斜面 .dwg 文件，利用倾斜面命令改变外形。如图 10－58 所示。

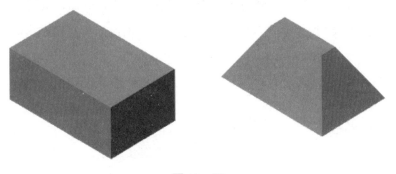

图 10－58

绘图步骤：

（1）启动：实体编辑 → 倾斜面，按住"Ctrl"键，选择要改变倾斜角度的 4 个实体面，回车确定。

（2）依次输入倾斜轴的两端点——基点 P1 和端点 P2。如图 10－59 所示。

（3）输入倾斜角度为 30°，两次回车，完成图形。

例 7：利用拉伸实体和实体面编辑等命令，绘制如图 10 - 60 所示的立体图形。

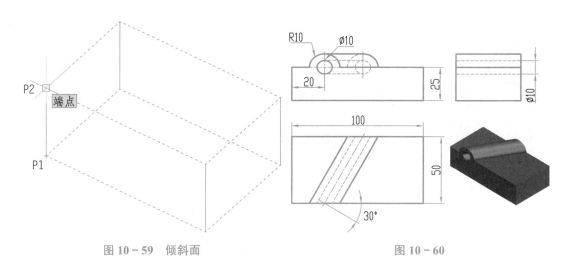

图 10 - 59　倾斜面　　　　　　　　　　　　　　　　图 10 - 60

绘图步骤：

（1）将视图方式切换到东南轴测图，绘制长方体，长度 100、宽度 50、高度 25。

（2）将视图方式切换到前视图，在如图 10 - 61 所示的位置绘制同心圆，圆的半径分别为 R10 和 R5。

（3）将两圆拉伸成圆柱，拉伸高度为 –50。

（4）利用布尔计算，合并大圆柱和长方体，减去小圆柱。

（5）启动"旋转面"命令，旋转对象为圆柱表面和圆孔表面，旋转轴为 Y 轴方向，经过圆心，如图 10 - 62 所示。输入旋转角度为 30°，两次回车，完成图形。

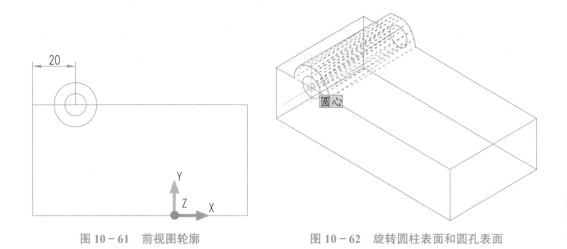

图 10 - 61　前视图轮廓　　　　　　　　　图 10 - 62　旋转圆柱表面和圆孔表面

例 8：利用拉伸实体和实体面编辑等命令，绘制如图 10 - 63 所示的立体图形。

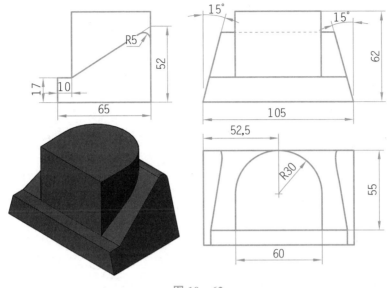

图 10 - 63

绘图步骤:

（1）将视图方式切换到右视图，绘制如图 10 - 64 所示的平面图形。

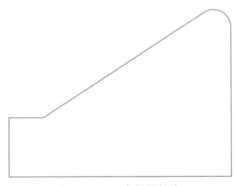

图 10 - 64　右视图轮廓

（2）面域该平面图形；将视图方式切换到东南轴测图，拉伸图形，拉伸高度为105。

（3）启动"UCS"命令，将坐标变换到底面，在底面绘制如图 10 - 65 所示的图形。

（4）面域该图形并拉伸，拉伸高度为 62。

（5）合并两个实体对象。

（6）启动"倾斜面"命令，选择对象为左右面，回车确定后，依次输入倾斜轴的两端点——基点 P1 和端点 P2，如图 10 - 66 所示。最后输入倾斜角度为 15°。

图 10 - 65　坐标变换到底面

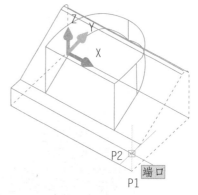

图 10 - 66　倾斜两侧面

课后习题

1. 根据图 10 - 67 所示的平面图尺寸，绘制立体图形。

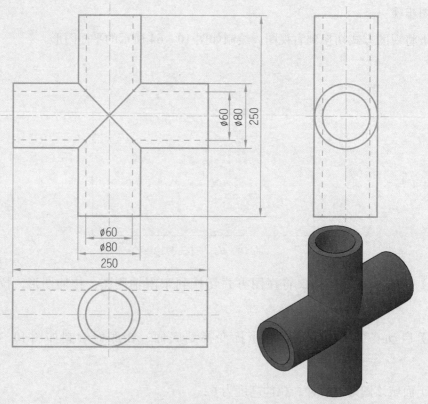

图 10 - 67

2. 根据图 10 - 68 所示的平面图尺寸，绘制立体图形。

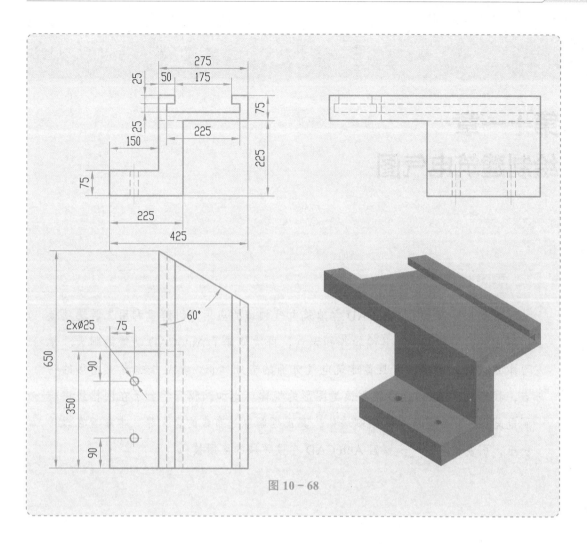

图 10 - 68

第十一章
绘制建筑电气图

学习指南

　　本章主要简述了 AutoCAD 在建筑电气领域的应用，讲解了利用工具选项板调用图块，多线命令及其编辑等知识点，再次见证了 AutoCAD 功能的强大。学习本章内容，需要读者具备建筑电气方面的专业知识，然后根据专业图形的特点，找出利用 AutoCAD 绘制该类图形的规律。比如，我们学会了在网格线中绘制电路图，定制多线样式绘制墙体，真正理解电气布线的含义等。本章旨在抛砖引玉，引发读者进一步探索 AutoCAD 在该领域的应用技巧。

主要内容

➤ 绘制电路图

➤ 绘制建筑平面图

➤ 绘制电气照明图

第一节   绘制电路图

知识要点：

★ 图形符号

★ 制作符号库

★ 绘制电路图

一、图形符号概述

电路图中有许多图形符号，这些图形符号可事先制作成符号库，以直接应用于绘制电路图中。但在布置符号时应使连接线之间的距离为模数 M（2.5mm）的倍数，通常为两倍（5mm），以便于标注端子标记。因此，在 AutoCAD 中，图形符号应画在网格上，为便于在 AutoCAD 中使用 GB/T4728 标准中的图形符号，特作如下规定。

（1）图形符号应设计成能用于模数 M 为 2.5mm 的网格系统中。矩形的边长和圆的直径应设计成 2M 的倍数，对较小的图形符号可选用 1.5M、1M 或 0.5M。

（2）图形符号的连接线应同网格线重合并终止于网格线的交叉点上。两条连接线之间至少应用 2M 的距离，以符合国际通行的最小字符高应有 2.5mm 的要求。

AutoCAD 要求每个图形符号都位于网格交叉点的参考点，如图 11-1 所示。

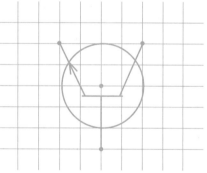

图 11-1   三极管图形符号

二、制作符号库

利用块的功能制作电路图的符号块。为了绘制本节例题中的电路图，事先可绘制如图 11-2 至图 11-5 所示的图形符号，并制作成图块。将这些图块统一保存在一个文件中以备用，如"11 电路图块 -1.dwg"文件。

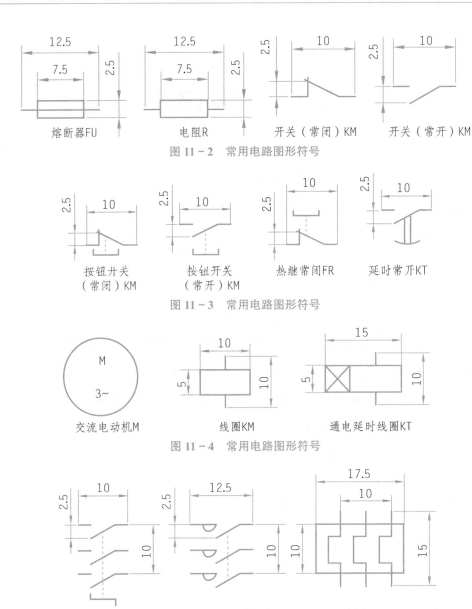

熔断器FU　　　　电阻R　　　　开关（常闭）KM　　　开关（常开）KM

图 11－2　常用电路图形符号

按钮开关　　　　按钮开关　　　　热继常闭FR　　　延时常开KT
（常闭）KM　　　（常开）KM

图 11－3　常用电路图形符号

交流电动机M　　　　线圈KM　　　　通电延时线圈KT

图 11－4　常用电路图形符号

三极隔离开关QS　　　接触器常开KM　　　热继元件FR

图 11－5　常用电路图形符号

三、绘制电路图

例：绘制如图 11－6 所示的控制电路图

绘图步骤：

（1）设置电路图的绘图环境。

新建 AutoCAD 文件，选择样板文件 Acadiso.dwt 打开。右击状态栏的"栅格"按钮，选择"设置"，设置参数如图 11－7 所示。

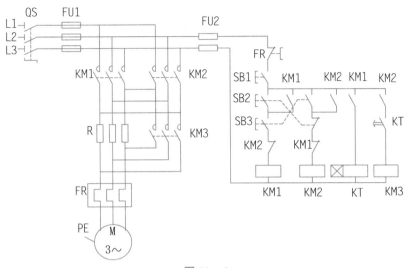

图 11 - 6

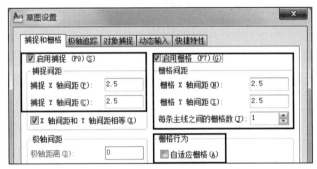

图 11 - 7　设置栅格间距和启用捕捉

设置完成后，双击，滚轮鼠标，使栅格点全部显示在屏幕上。

（2）利用工具选项板调用图块。

点击"视图"选项卡 → "选项板"面板 → "工具选项板"，这时会出现工具选项板，如图 11 - 8 所示。任意选择一个标签项，右击，出现快捷菜单，且在其中选择"新建选项板"，输入"电路图"，这样增加了"电路图"标签项，不过里面的内容是空白的。

接下来，我们为"电路图"标签项增加内容，选择"视图"选项卡 → "选项板"面板 → "设计中心"，打开文件夹管理窗口，找到刚才创建图块的文件，如"11 电路图块 -1. dwg"，并打开文件中包含的"图块"，结果显示出刚创建的电路图图块，如图 11 - 9 所示。

最后，我们把每个图块的图标添加到刚才创建的"电路图"选项板中，这样，"电路图"选项板中就有内容了，这些图块就可以直接供绘制电路图使用了。

（3）插入图块并绘制电路图。

打开"栅格显示"和"捕捉模式"，将"电路图"选项板中的图块直接拖动到图形中，就实现了插入图块操作。接着沿着"栅格"显示点绘制线路，一幅电路图就完成了。这里利用"选项板"来插入图块，比利用"插入图块"命令来得方便。结果如图 11 - 10 所示。

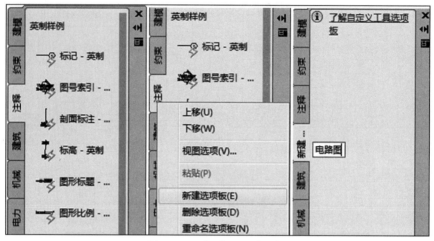

图 11 - 8　新建工具选项板

图 11 - 9　利用"设计中心"调用图块至选项板

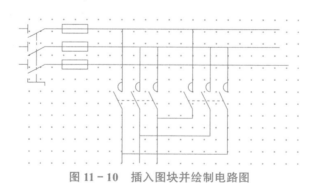

图 11 - 10　插入图块并绘制电路图

（4）注写文字。

　　设置文字样式，将 AutoCAD 默认的 standard 文字样式的字体修改为：gbenor.shx（正体）或 gbeitc.shx（斜体），用于标注英文和数字，大字体为 gbcbig.shx，用于标注汉字。利用单行文本 Dtext 命令注写文字内容，字高为 2.5。

绘制如图 11 - 14 所示的触发电路图，其参考的电子元件图块尺寸如图 11 - 11 至
图 11 - 13 所示。

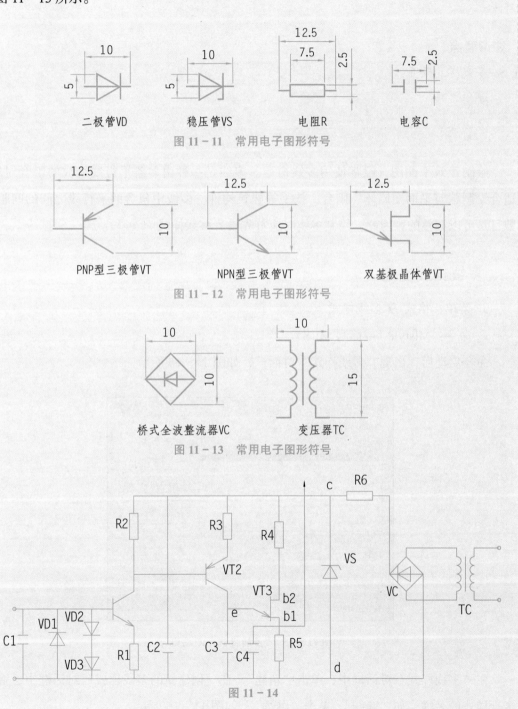

图 11 - 11　常用电子图形符号

图 11 - 12　常用电子图形符号

图 11 - 13　常用电子图形符号

图 11 - 14

第二节　绘制建筑平面图

知识要点:

★ 多线样式设置

★ 绘制多线

★ 多线编辑

绘制建筑平面图，经常使用多线命令。多线是一种由多条平行线组成的组合对象，适合绘制建筑平面图墙体、阳台、扶手等建筑构件。多线中包含的平行线之间的间距和数目是可以调整的，因此，绘制多线时应首先设置多线样式。

一、多线样式设置

➢ 菜单：格式 → 多线样式

➢ 命令：Mlstyle（或简写 MLS）

命令启动后，出现"多线样式"对话框，如图 11－15 所示。

图 11－15　"多线样式"对话框

在"多线样式"对话框中，单击"新建"，在"创建新的多线样式"对话框中，输入多行样式的名称，如"墙线"，单击"继续"。如图 11－16 所示。

在"新建多线样式"对话框中，选择多线样式的参数，如直线起点和端点封口，如图 11 - 17 所示。

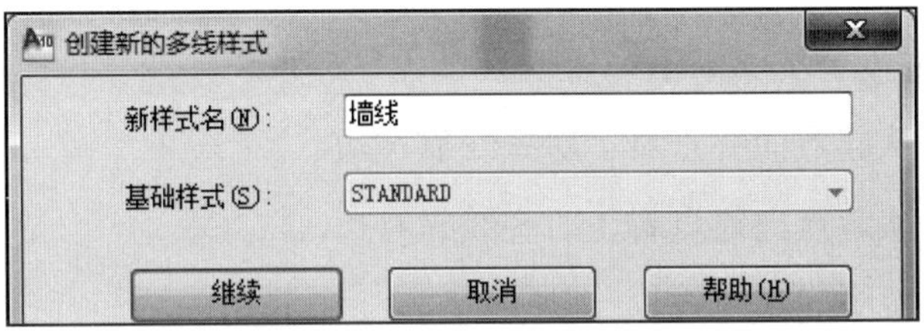

图 11 - 16 "新建"多线样式

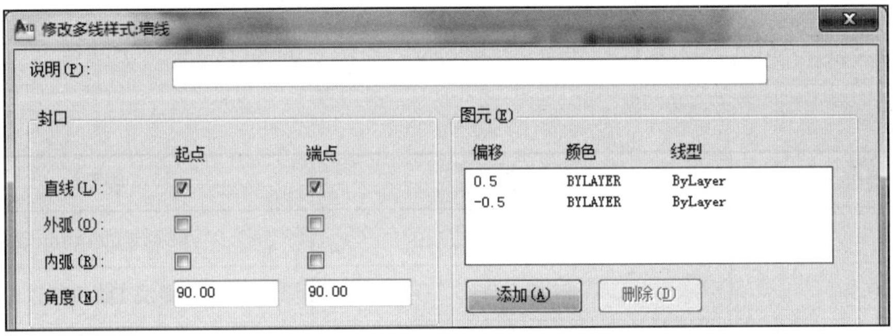

图 11 - 17 设置多线样式参数

单击"确定"，则创建好"墙线"多线样式，如图 11 - 18 所示。

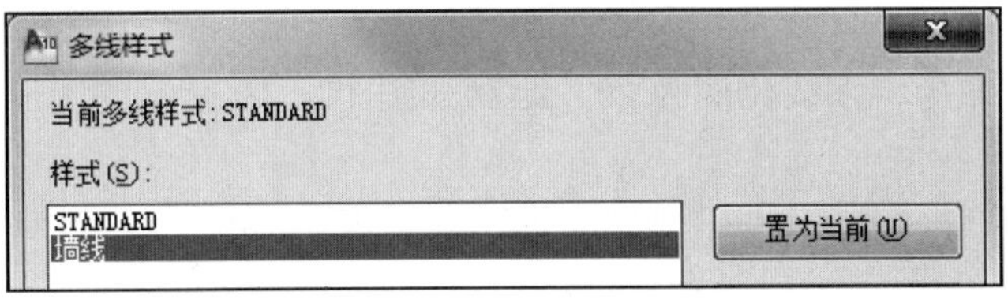

图 11 - 18 完成"墙线"多线样式

在"多线样式"对话框中，单击"保存"将多线样式保存到文件（默认文件为"acad.mln"）。下次绘图如果用到该多线样式，只要"加载"其保存的文件即可（如加载默认文件"acad.mln"）。

二、绘制多线

➢ 菜单：绘图 ➜ 多线
➢ 命令：Mline（或简写 ML）

命令启动后，出现如下提示：

指定起点或〔对正（J）/比例（S）/样式（ST）〕：

选项说明：

【对正（J）】设置对齐方式，有"上、下、无"3种，

"上"对齐——从起点向终点看，对齐线靠左边。

"下"对齐——从起点向终点看，对齐线靠右边。

"无"对齐——按中间线对齐。

【比例（S）】设置多线之间间距的比例大小。

【样式（ST）】：选择设置好的样式

例1：新建 AutoCAD 文件，创建多线样式，多线设置如表 11-1 所示。

表 11-1

偏移	颜色	线型
1	红色	连续线 Continuous
0.5	绿色	虚线 DASHED
0	白色	点划线 Center2
-0.5	洋红	虚线 DASHED
-1	蓝色	连续线 Continuous

再利用多线等命令，多线比例为 20，绘制如图 11-19 所示的图形。

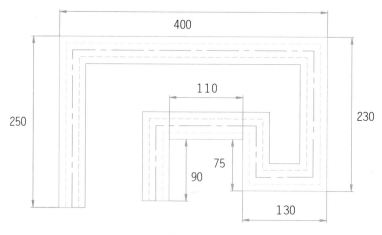

图 11-19

绘图步骤：

（1）设置多线样式。

启动：格式 → 多线样式，选择"新建"。

新建多线样式，名称自取，如"路线"，设置如图 11 - 20 所示。

设置完成后，将该多线样式设置为当前样式。

（2）绘制多线。

启动绘图 → 多线。

图 11 - 20　设置"路线"多线样式

指定起点或〔对正（J）/ 比例（S）/ 样式（ST）〕：　// 调整多线当前设置，指定第

一点

指定下一点：　250　// 极轴追踪 90°

指定下一点或〔放弃（U）〕：　400　// 极轴追踪 0°

指定下一点或〔闭合（C）/ 放弃（U）〕：　230　// 极轴追踪 270°

指定下一点或〔闭合（C）/ 放弃（U）〕：　130　// 极轴追踪 180°

指定下一点或〔闭合（C）/ 放弃（U）〕：　75

指定下一点或〔闭合（C）/ 放弃（U）〕：　110

指定下一点或〔闭合（C）/ 放弃（U）〕：　90

指定下一点或〔闭合（C）/ 放弃（U）〕：　// 回车结束命令

三、多线编辑

➤ 菜单：修改 → 对象 → 多线

➤ 命令：Mledit

启动多线编辑工具后，出现对话框，如图 11 - 21 所示，按要求选择编辑样子。

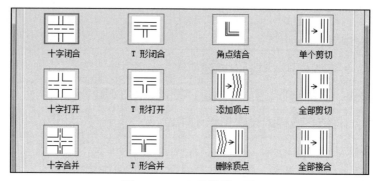

图 11 – 21 多线编辑工具

例 2：新建 AutoCAD 文件，利用多线绘制及其编辑等命令，绘制如图 11 – 22 所示的房屋平面图。

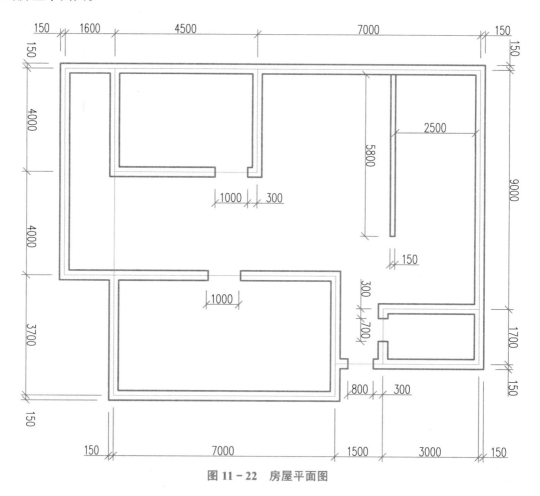

图 11 – 22 房屋平面图

绘图步骤：

（1）设置图形界限。

建筑平面图尺寸较大，绘图前必须把屏幕的范围扩大，一般在 A3 图幅大小的基础上扩大 100 倍。

启动：格式 → 图形界限，或命令 Limits

重新设置模型空间界限：

指定左下角点或［开（ON）/ 关（OFF）］<0.0000,0.0000>：0,0

指定右上角点 <420.0000,297.0000>：42000,29700

接着，双击，滚轮鼠标，使设定的图形界限 42000×29700 缩放到屏幕。

（2）设置图层。

打开图层特性管理器，设置图层，层名、颜色、线型如下：

墙线——白色——连续线 continues

轴线——红色——点划线 center

启动：格式 → 线型，设置线型全局比例因子为 50。

（3）设置多线样式。

启动：格式 → 多线样式，选择"新建"。

新建多线样式名称为"墙线"，选择直线起点和端点封口，如图 11 – 23 所示。

图 11 – 23　设置"墙线"多线样式

（4）绘制定位轴线。

切换到"轴线"层，绘制定位轴线。先绘制水平线（长度约为 13 000）和竖直线（长度约为 15 000），然后通过偏移命令，绘出其他轴线。最后根据房间情况进行必要的修剪。结果如图 11 – 24 所示。

（5）绘制墙线。

切换到"墙线"层，启动"绘图"菜单 → "多线"命令，设置对齐方式为"无（Z）"，比例为 300，当前多线样式为"墙线"，然后沿定位轴线绘制墙线。接着启动"修改 → 对象 → 多线"命令，在对话框中分别选择"T 形打开"和"角点结合"以对多线进行编辑，结果如图 11－25 所示。

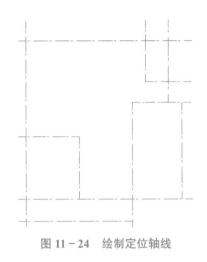

图 11－24　绘制定位轴线　　　　　　　　图 11－25　绘制墙线

（6）绘制"门"的位置。

利用偏移和修剪的命令，修剪出"门洞"。利用多段线 Pline 命令绘制隔墙，如图 11－26 所示。

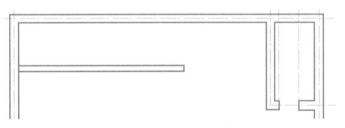

图 11－26　绘制"门洞"

课后习题

绘制如图 11－27 所示的建筑平面图。

绘制时，除了设置图层为"墙线"层和"轴线"层外，还需要增加图层为"门窗"层和"文字"层。

绘制窗户时，可设置"窗线"的多线样式，利用多线命令绘制。

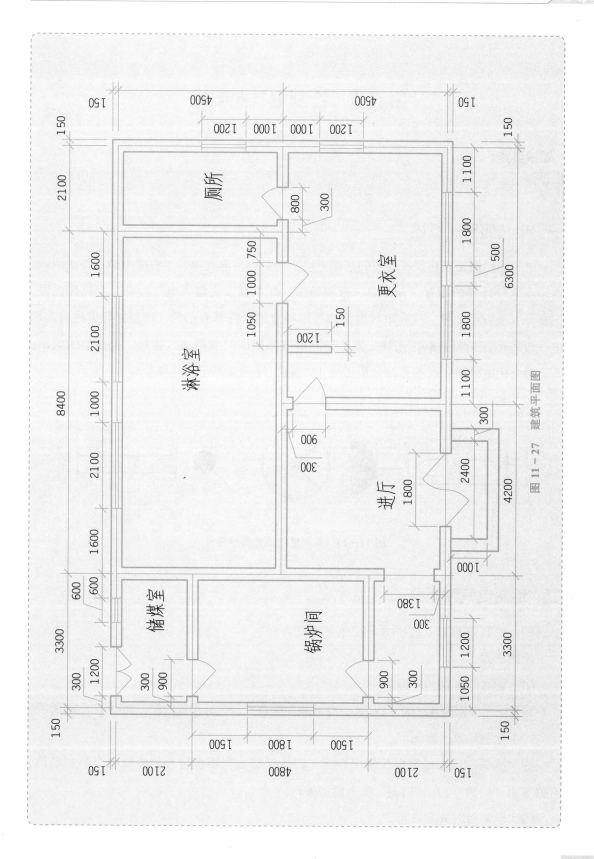

图 11-27　建筑平面图

第三节　绘制电气照明图

知识要点：

★ 绘制电气简明图

一、电气照明图概述

电气照明图是在建筑平面图的基础上绘制的，它是电气照明工程图中最主要的图纸，表示了电气线路的布置以及灯具、开关插座、配电箱、表盘等电气设备，并标注位置、标高及其他安装要求。这些电气设备都是用特定图形符号表示的，绘制时可事先将常用电气设备的图形符号制作图块，便于绘制电气照明图时直接插入使用，提高绘图效率。下面是常用电气设备的图形符号及其尺寸，如图 11‑28 所示（供参考）。

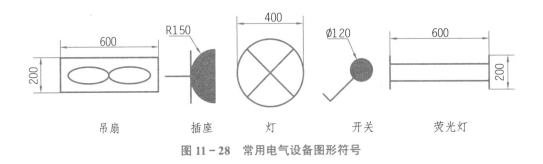

图 11‑28　常用电气设备图形符号

二、绘制电气照明图

例：绘制如图 11‑29 所示的电气照明图。

绘图步骤：

（1）设置绘图初始环境。

设置图形界限为 42 000×29 700，并缩放到屏幕。新建并设置图层，如图 11‑30 所示。

（2）绘制建筑平面图。

在"轴线"层上绘制定位轴线。在"墙线"层上利用多线及其编辑命令绘制墙体，并修剪出"门洞"。在"门窗"层上绘制窗户。

（3）绘制灯具开关线路图。

利用工具选项板调用灯具、开关等电气设备符号图块。切换到"灯具开关及线路"层，在合适的位置插入图块，并绘制直线连接起来。

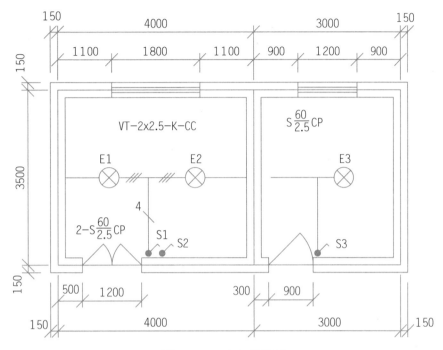

图 11 – 29　电气照明图

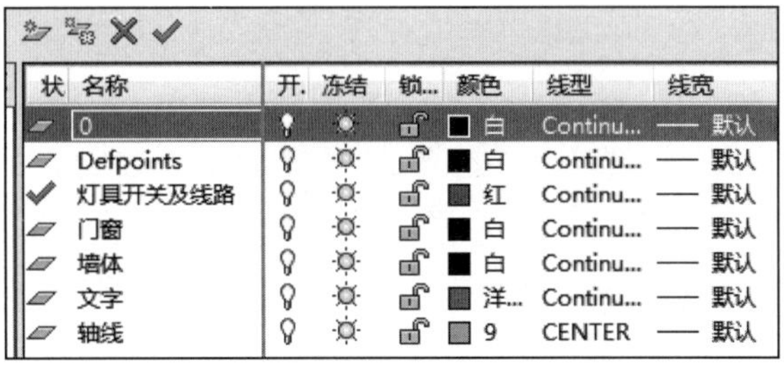

图 11 – 30　图层设置

（4）注写文字。

切换到"文字"层，设置合适的文字样式，利用单行文本书写文字。这里顺便解释一下标注文字的含义。"BV–2×2.5–K–CC"表示的含义是室内照明布线为铜芯塑料绝缘导线（BV），有 2 根导线截面积为 2.5mm²，采用瓷瓶配线（K），暗敷在顶板内（CC）。"2-S$\dfrac{60}{2.5}$CP"的含义是房间内 3 盏灯都是搪瓷伞罩灯（S），白炽灯灯泡功率为 60W，线吊式安装（CP），安装高度为 2.5m。

课后习题

绘制如图 11-31 所示的建筑照明图。

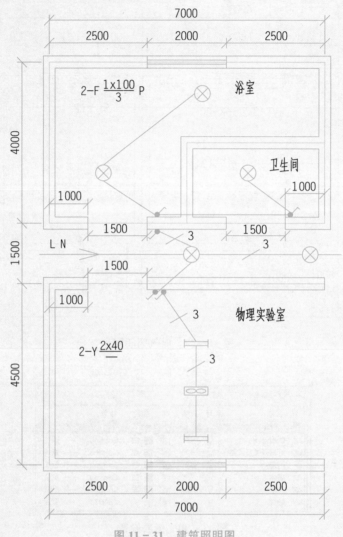

图 11-31　建筑照明图

$2-F\dfrac{1\times100}{3}P$ 的含义：2 盏防水防尘灯（F），灯泡功率为 100W，管吊式安装（P），安装高度为 3m。

$2-Y\dfrac{2\times40}{-}$ 的含义：2 盏荧光灯（Y），2 根灯管，功率为 40W，吸顶式安装（-）。

参考文献

［1］《工作过程导向新理念丛书》编委会．计算机辅助二维绘图设计——AutoCAD2009 中文版．北京：清华大学出版社，2010.

［2］赵燕玉，由路．AutoCAD 中文版实践教程．北京：清华大学出版社，2010.

［3］崔兆华．AutoCAD2013 机械绘图．郑州：大象出版社，2015.

［4］张玉琴，张绍忠，张丽荣．AutoCAD 上机实验指导与实训．北京：机械工业出版社，2003.

［5］国家职业技能鉴定专家委员会计算机委员会．AutoCAD2002 试题汇编（绘图员级）．北京：北京希望电子出版社，2003.

［6］吴目诚，王净莹．AutoCAD 中文版 3D 绘图实务．北京：中国铁道出版社，2007.

［7］伍乐生．建筑装饰 CAD 实例教程及上机指导．北京：机械工业出版社，2008.

图书在版编目（CIP）数据

AutoCAD 绘图基础 / 蘧忠爱，白植真，卢民主编 . —北京：中国人民大学出版社，2019.9
中等职业教育机电类专业规划教材
ISBN 978-7-300-27327-3

Ⅰ. ①A… Ⅱ. ①蘧… ②白… ③卢… Ⅲ. ① AutoCAD 软件 – 中等专业学校 – 教材 Ⅳ. ① TP391.72

中国版本图书馆 CIP 数据核字（2019）第 177672 号

中等职业教育机电类专业规划教材
AutoCAD 绘图基础
主　编　蘧忠爱　白植真　卢　民
副主编　夏景攀　谢传正　杨家敏　姚智超　黎相湖　王　甦　陈　叙　方绪海　韦力凡　江　波
参　编　温正喜　杨　南　陈碧莹　张高线　翟培明
AutoCAD Huitu Jichu

出版发行　中国人民大学出版社
社　　址　北京中关村大街 31 号　　　　　　邮政编码　100080
电　　话　010 - 62511242（总编室）　　　　010 - 62511770（质管部）
　　　　　010 - 82501766（邮购部）　　　　010 - 62514148（门市部）
　　　　　010 - 62515195（发行公司）　　　010 - 62515275（盗版举报）
网　　址　http://www.crup.com.cn
经　　销　新华书店
印　　刷　北京七色印务有限公司
规　　格　185 mm×260 mm　16 开本　　　版　　次　2019 年 9 月第 1 版
印　　张　15.5　　　　　　　　　　　　　印　　次　2022 年 2 月第 4 次印刷
字　　数　277 000　　　　　　　　　　　定　　价　46.80 元